JN039058

新しいSNS人生戦略

今のままで「やりたいこと」ができてお金も稼げる!

SNSコンサルタント
ひよ

KADOKAWA

はじめに

先行きが不透明な今の時代、多くの人が「安定した暮らしを手にしたい」、「将来の不安から解放されたい」と思っているのではないでしょうか。

3年前会社員として働いていた22歳の僕も同じように思っていて、安定した将来を手にしたい一心で大手のインフラ会社に就職しました。でも、どこか漠然とした不安を抱えて、常に「このままでいいのか？」と自問自答する日々。その不安の元は何かと考えていると、ある疑問が浮かんできました。

「安定とは、一体何をもってそういうのだろうか？」

ＡＩをはじめ、次から次へと新しい技術や新しい仕事や職種が出てきます。それと同時に、今まで安泰だと思っていた職種がなくなることもあります。今は大手の会社に入ったから一生安泰だとは言えない時代なのです。

そんな時代に生きているのだから、将来に漠然とした不安を抱えるのは当然でしょう。

「安定とは何か?」という問いに僕がたどり着いた答えは、「安定とはどこに行っても通用するスキルを身につけること」でした。一つの肩書きに縛られることなく複数の肩書きを作ることこそ、本当の意味での安定ではないだろうかということに気がついたのです。そうはいっても、動き出すのはなかなか容易ではありません。安定志向であればあるほど、今の状態を手放すのは怖いはずです。

本書では、安定志向型の僕がどうやって会社員と副業を両立させたのか、人生を変えるためにどんな思考が重要だったか、副業として始めたSNS運用が本業になり、約1000人が在籍するオンラインサロンのオーナーになるまでのプロセスなどをくまなくご紹介していきます。

はじめにお伝えしておきたいのは、SNS運用は〝無料の宝くじのようなもの〟だということ。誰でも手にできるこの宝くじをうまく活用して、やりたいことをどんどん叶えていく。それが、これからの時代の幸せな生き方だということが伝われば幸いです。

ひよ

目次

3章 自分を変えていく方法 85

4章 やりたいことがなければSNS運用から始めてみよう 117

5章 SNS運用の始め方 141

6章

SNSを使ったお金の稼ぎ方

STAFF
ブックデザイン　阿部早紀子
カバーイラスト　どいせな
校正　麦秋アートセンター
DTP　山本秀一・山本深雪(G-clef)
編集協力　川村彩佳
編集　竹内詩織(KADOKAWA)

※本書に掲載している内容は2024年6月現在の情報です。
※スマートフォンにかかわる記述はiPhoneを基準としています。AndroidなどほかのOSで使い方が異なる場合があります。

新しいことに チャレンジする前に 変えておきたい 5つの視点

人生を変えたいとき「好きなことが見つかっていないと踏み出せない」など勘違いをしたまま、自分を変えられない人が多いもの。その勘違いを一旦リセットすることが重要です。

① 好きなことは、見つけなくていい

最近、**「好きなことを仕事にする」**とか、「やりがいのある仕事をしよう」といった風潮が強いと感じます。「〝好き〟を仕事に！」と言って楽しそうに仕事をしている若い起業家やインフルエンサーに憧れを持っている人も少なくないかもしれません。

たしかに、**好きなことで、しかもやりがいのある仕事をしていたら毎日が充実しそうです。それでお金も稼げるなんて、理想の働き方ですよね。**

そうは言っても誰しもが好きなことややりがいを見つけられているわけではありません。「好きなことがない」とか、「やりがいって何で感じられるんだろう」と悩み、結局見つけられずに苦しんでいるという話をよく耳にします。その悩みの根本は、そもそもやりがいを比較する対象がないということ。そして、将来に役立つか、お金が稼げるかをベースに考えてしまっているからではないでしょうか。

とくに若いうちは、好きなことは今すぐに見つけなくてもよいのではないかと思います。

たとえば、スポーツ選手のように若くして成功している人もいますよね。子どもの頃からそのスポーツが好きでプロを目指し、好きなことでお金を稼ぐという夢を叶えたのでしょう。でも、そんな人は一握りです。

多くの人の場合、たった20~30年生きただけで一生の仕事にしたいほど好きなことなんて見つかりません。見つかっているほうが珍しいです。

成功者と言われる有名な起業家やインフルエンサーだって、いろいろな経験を積むうちに世の中に必要とされていることやビジネスとして成り立ちそうなことが見えてきて、**やっているうちにそれが好きなことになったり、やりがいが見いだせるようになっていったという人のほうが多いのではないでしょうか。**

僕自身も、今ではオンラインサロンを立ち上げ、累計3000名以上の方々にSNS運用を教えることを仕事にしてやりがいを感じていますが、はじめからSNS運用が好きだったわけではありません。

むしろ、僕は超安定志向の持ち主で、大手企業に就職し会社員として安定した生活を送りたいと思っていました。

でも、会社員として働くことが必ずしも安定ではないと気づいて副業でSNS運用を始め、続けていくうちにSNS運用を教える側にまわり……と、いくつかの軌道修正を重ねていくなかで最終的にたどり着いたのが今の形。ＳＮＳ運用を始めたときは、まさかオンラインサロンを立ち上げて、ＳＮＳ運用のコンサルティングをするとは思ってもいませんでした。

でも、思い切って挑戦し、続けているうちに「その人の美点を見つけて伸ばすこと」が得意だということに気づき、それがやりがいになっています。あのとき一歩踏み出さなければ、今もやりがいのある仕事に出合えずぼんやりしていたかもしれません。

何かを始めるときは、必ずしもそれが好きなことである必要はないと思います。

「やりたいことがない」なんて焦る必要はないし、なんとなく続けてきたことが数年後にやりたいことにつながるかもしれません。

好きなことは、これから長い人生の中で少しずつ見つけていくもの。いろいろな経験をしてできることが増えていくと、そのなかでやりがいを感じるようになっていきますし、好きなことややりたいことも自然と見つかっていくはずです。いつか見つかったときのためにスキルを磨いたり人脈を広げたり、準備をしておくといいですね。

②

今ある安定を手放さなくてもいい

「何か新しいことにチャレンジするなら、今ある安定を手放さないと新しいものはつかめない」という考え方があります。それも一理ありますが、必ずしもそうとは言い切れないと僕は思います。

たとえば、「プロの漫画家になりたいなら、会社員をやめて毎日机に向かって漫画を描き続けていないといけない！」なんて言う人もいますが、その道を極めて成功したいならリスクを負って挑戦するべきだという考えは、もう古いのではないでしょうか。

「会社員として安定した収入は得たい」
「はじめは不安定だとしても、新しいことに挑戦したい」

今は、どちらも選んでいい時代です。会社員でいるか独立するか、今すぐどちらかを選ぶ必要なんてありません。

僕も、はじめのうちは会社員をしながら副業としてSNS運用をしていました。

SNS運用が軌道にのるかどうかもわからないのに、いきなり会社員をやめて収入がゼロになるのは怖かったからです。

でも、二足のわらじを履いていたことで本業に支障をきたしたり、SNS運用がうまくいかないなんていうことはありませんでした。**むしろ、毎月安定した収入があるので金銭的な不安なく副業に打ち込むことができたし、副業で得た知識を本業に生かすこともできて、メリットしかなかったんです。**

逆に、「やりたいことをやるためにはリスクをとらなければいけない」と安定を手放していたら、追い込まれてしまって今の仕事や生活を手に入れられてなかったかもしれません。

副業を軌道にのせることができたので今は完全に独立していますが、僕が運営しているオンラインサロンの受講生には、本業と副業をうまく両立させている人もいます。挑戦してみて、もし副業がうまくいかなければ本業一本に戻ってもいいし、他の副業を始めてもいい。安定を手放さないことでより多くの選択肢が持てます。

ただ、人生の本質は等価交換です。何かを手放さなければ、他の何かは手に入らない。だから、ここで手放すのは余暇の時間です。僕も、はじめの1年は自由な時間がほとんどとれず、睡眠時間を削ってSNS運用に勤しんでいました。

でも、今の時代は便利なツールやサービスがたくさんあります。スマホやタブレットがあればどこでも作業ができますし、SNSを活用して手伝ってくれる人を探したり、一部を外注することもできます。

やり方次第で、**会社員という安定した地位や収入を守りながら、それ以外の時間を使ってやりたいことに挑戦するための環境は誰でも作れるはずです。**

僕のように安定志向型でリスクをとるのが怖いという人は、まずは会社員という安定を手にしたまま新しいことに挑戦してみてください。どちらかを選ぶか、両立していくかは、そのあとに決めればいいことです。

③

やりたいことは全て叶える。欲張り思考で構わない

皆さんは、「欲張り」と聞くとどんなイメージを持ちますか？　自分本位とか、強欲とか、悪いイメージを持つ人が多いかもしれません。

僕は、仕事においての欲張りは大いに推奨しています。

やりたいことがいくつもあるのに、どれか一つに絞る必要は全くありません。全てを実現させればいいんです。

ありがたいことに、僕が運営しているオンラインサロンには多くの人が集まってくれていて、これまでたくさんの人に出会ってきました。

年齢も、住んでいるところも、本業もさまざまですが、**彼らの中で最も幸せな働き方をしているなと思うのは、会社員を続けつつ副業としてＳＮＳで自分の趣味や得意なことを発信するという二足のわらじで生きている人です。**

会社員として安定した収入があるから副業に必死にならなくていいし、趣味や得意なことを発信することで共通の趣味を持った横のつながりも増え、＋αの収入も得られていいことだらけ。毎日が充実していて、幸せそうに見えます。

たとえば、主婦だからといって家で家事や子育てばかりしていなくていい。料理が得意ならSNSでレシピアカウントを運用してもいいですし、イラストを描きたいならどんどん世の中にアピールしていけばいいと思います。

「子育て中だから新しい仕事なんてできない」

「主婦をしながら副業で稼ぐなんて無理だろう」

と、はなから諦める必要はありません。

僕のオンラインサロンの受講生で、子どもを育てるママでありながら可愛くいるための情報を発信している方がいますが、ママとしての日常も楽しみつつ、収入も得られてとても充実していると言っていました。

「子どもと過ごす時間も大事にしたいし、自分らしく仕事もしたいし、お金も欲しい！」と欲張っていいんです。むしろ、欲張れば欲張るほど、それを叶えるために時間を効率よく使えるようになるし、行動力も湧いてきます。

そうやってやりたいことを次々に叶えていけば毎日機嫌よく過ごせますし、自信がついてキラキラと輝く皆さんを見て、誰かが「私にもできるかもしれない、何かやってみようかな」と希望を持ってくれるかもしれないですよね。

仕事において欲張りでいることは、自分にとってもまわりにとってもいいことしかないと思います。

先ほどもお伝えしましたが、本業と副業のどちらかを選ばなくてはいけないなんて考えはもう古いです。これからの時代は、本業と副業という二面性を持った人材がどんどん増えていくでしょう。

そんな自分らしい働き方や生き方を叶えられる人が、幸せを手に入れられるんだと思います。

④

元々ある市場の中で突き抜ける方法を探せばいい

新しいことを始めるときにありがちなのが、ゼロから1を生み出さなければいけないという勘違いをしてしまうことです。まだ誰もやっていない、とんでもなくすごいものを生み出さなければいけないと思い込み、勝手にハードルを上げてしまっている人が多いと感じます。

たしかに、世の中にない市場に新しく価値を創造することは、難しいけれどライバルがいないので成功しやすいでしょう。それと同時に、その市場がないということは、そもそも誰からも求められていないという可能性もあるので、ハイリスク・ハイリターンです。

安定志向型の人には、「すでにある市場の中からターゲットを絞って、よりニッチな需要を満たしていく」というやり方がおすすめです。すでにある市場は需要があるということ。そのなかでどうすれば突き抜けられるかを考えるほうが成功する確率は高く、リスクも少ないからです。

ビジネス用語で、「レッドオーシャン」と「ブルーオーシャン」という言葉があります。レッドオーシャンとは、市場規模が大きく競合相手がたくさんいて、競争が激しい領域のこと。

たとえば、冷蔵庫や洗濯機などの白物家電はレッドオーシャンです。どこの家庭にもあるものだから需要は確実にあります。ただし、日本の家電メーカーをはじめ、ライフスタイルショップがオリジナル商品を出していたり、海外のメーカーが参入していたりと競合が多いので、価格や付加価値で競争していかなければいけません。

ブルーオーシャンは、市場規模が小さく競合相手がほとんどいない領域のことをいいます。有名なのがユニクロのヒートテックやエアリズムで、衣類に全く新しい機能をつけることで大ヒットしました。

ただし、ヒートテックやエアリズムは、誰でも思いつくものではありません。アイデアが斬新で、それを作る技術があり、需要があったからこそヒットしたのです。

副業としてやっていくなら、参入しやすくリスクも少ないレッドオーシャンのほうがよさそうですよね。僕も、副業としてＳＮＳ運用を始めるときはレッドオーシャンを狙いました。

「暮らし」というジャンルなら、市場が広く需要があることは確実です。「掃除」や

「収納」といった大きいハッシュタグもあるので露出もしやすい。ただし、市場が大きすぎて競合も多いのは明らかです。

では、その中でどうやったら突き抜けられるだろうかと考えたとき、ショート動画を極めるのがいいんじゃないかと思いました。今でこそショート動画はトレンドですが、当時はまだInstagramのリール機能は搭載されたばかりで、あまり活用している人はいなかったのです。

需要のある暮らしと最新機能のショート動画を組み合わせれば、他の人と差別化できる。それが僕の作戦でした。その結果、ショート動画が得意なインフルエンサーとして、ショート動画に特化したサロンで日本で一番会員数が多いオンラインサロンを立ち上げることもできました。

新しいことを始めるとき、わざわざ高いハードルを設定する必要はありません。特に、安定志向型でリスクを回避したいなら、すでにある市場の中でできそうなことを考えるのが現実的だと思います。

⑤

壮大な何かを成し遂げようとしなくていい

「好きなことで生きていく」とか、「やりたいことを実現する」と言う人がいたら、どんなイメージを抱くでしょうか。何か大きなことを成し遂げようとしているのかな、と思いませんか？

世の中の人々から成功者と呼ばれるような、企業の社長や経営者、文化人などは、確かに優れた仕事を成し遂げ、富と名声を得ています。大きな仕事を成し遂げるために、いろいろなことを犠牲にしてきた人も多いでしょう。

かつては僕も、独立するということは大きな目標を持ち、死ぬほど努力をしてそれを達成し、いわゆる「成功者」にならなければいけないような気がしていました。

だから、誘惑を全て断ち切って、息つく暇もなく仕事をしていたのです。

こんな漠然とした思考から抜け出せたのは、仕事で仲良くしている先輩に結婚報告をしたときでした。

僕は25歳で結婚しました。仕事が軌道にのって勢いがついてきたときでしたが、今の時代、東京にいて25歳で結婚するというのは早いほうかもしれません。

先輩にも、僕の年齢で結婚という決断をするのはまだ早くないか？と諭され、こう聞かれました。

「ひよ君は、年商10億の会社を作りたくないの？」

僕は、「別に作りたくないです」と即答しました。

たしかに、結婚すると、独身のときよりも仕事にコミットすることができなくなるかもしれません。自分以外の人と一緒に生活することになるので、今までのように仕事だけに自分のリソースを割くわけにもいかなくなります。もちろん、妻のサポートのおかげで仕事がやりやすくなっている部分はありますが、仕事に全振りしていた独身の頃とは時間の使い方も変わってきます。

でも、元々僕は有名になりたいからSNS運用を始めたわけでもないし、とんでもない額のお金を稼ぎたいから会社員を辞めて独立したわけでもありません。

僕が求めているのは、あくまで安定した生活。

家に帰ったら迎え入れてくれる家族がいたり、美味しいご飯を食べながら団らんしたり、休日は子どもと出かけるみたいな、世間一般的に言われる普通の幸せ＋少しの贅沢ができる余裕があればいいのです。

皆さんが求めているものは数億円稼ぐことでしょうか？
世の中の誰もが知っている商品やサービスを作ることでしょうか？

おそらく、本書を手にとってくれた人も、僕と同じように普通の幸せを望むのではないかと思います。そのためには、壮大な何かを成し遂げる必要も、大金を稼ぐ必要もありません。

大切なのは、自分がどんな将来を望むかということ。

自らハードルを上げず、小さく始めてみてはいかがでしょうか。

この本を使いこなすロードマップ

読者の皆さんがよりよい人生を送れるよう、この本の使い方を提案します。

まず、1章では僕のこれまでの人生を振り返ります。皆さんも自分の人生を振り返ってみてください。ターニングポイントや自分の感情が動いた瞬間を振り返ることで、人生の棚卸をして今後の展望を考えるきっかけとしてみてほしいのです。

2章では、人の本質をお伝えします。自分を変えたいと思っているけれど一歩踏み出せないのはなぜなのか理解できると思います。
3章では、2章で理解したことを実践し、動き出せず足踏みしていた生活に終止符を打っていただきます。

4章〜6章では、僕がおすすめする正社員×SNS副業を実現するSNSの始め方から、SNSでの稼ぎ方までお話しています。

ここまできたら、もうやるだけ。最後まで読んだあなたは、市場価値が高く、どんな環境でも人生をコントロールできる力が身についているはずです。

1章

なりたい自分になるために必要なこと

「未来に不安はあるけれど、動き出すきっかけが見つからない」という悩みは多くの人が抱えているはず。まずは過去を振り返り、自分を見つめ直すところから始めましょう。

僕が安定志向である理由

僕は、ＳＮＳの総フォロワー数90万人超えの、いわゆるインフルエンサーです。また、１０００人以上の会員を抱えるショート動画に特化したオンラインサロンのオーナーとしても活動しています。「インフルエンサー」というと、自分のやりたいことだけやって自由に生きていきたい人、というイメージがあるかもしれません。

でも、僕はその真逆で、**元々好きなことややりたいことは特になく、安定志向が強い人間です。**

小学校から高校まで野球をしていましたが、野球がすごく好きだったわけではありません。始めたきっかけは、親が野球好きで、僕が野球をやったら喜んでくれるかなと思ったからでした。小学校と中学校ではそこそこ活躍できていたので、将来はプロ野球選手になれたらいいなと思い、高校は推薦で強豪校に進学しました。

でも、さすがは強豪校。そこには真に野球が大好きで、僕より圧倒的に高い技術を持った高校生が3学年合わせて160名近くもいたので、試合に出るどころか1軍に入ることすら難しい状況でした。結局、高校ではレギュラーとして試合に出ることができずに、僕の野球人生は終わりました。

早朝から深夜まで野球漬けの日々だった高校時代とはうって変わって、大学では野球部には入らず、相変わらずやりたいことも特になかったので、時間を持て余すようになりました。はじめこそ、高校時代に遊べなかったぶん毎日友達と遊び歩いたり、旅行に行ったりしていたのですが、それも1年くらいで飽きてしまったのです。

そのときに、漠然と将来への不安が襲ってきました。

「今まで野球しかしてこなくて、いわゆる一流大学に入れたわけでもないのに、このまま遊び回っていて、果たしてまともに就職できるんだろうか」

実は、幼少期、我が家はあまり裕福なほうではありませんでした。

両親はよくお金のことで喧嘩をしていたし、親の事業が不安定なときは、仕事場で家族全員寝泊まりしていたこともありました。だから、特に将来の夢やなりたい職業はなかったけれど、安定した仕事に就きたいとは思っていたんです。でも、このまま遊んでいるだけではそれが叶う会社には就職できないだろう、何かやらなければと焦りを感じ、まず始めたのがアルバイトでした。

僕は遊ぶためのお金を稼ぎたい、友達を作りたいというより、「何か将来につながる経験をしておきたい」と思っていたので、焼肉屋や居酒屋、イベントのスタッフなどさまざまなアルバイトに挑戦しました。

いろいろな場所で働くことができ、たくさんの人を見ることができていい経験にはなりましたが、これが就職活動のときにアピールポイントになるかというと物足りないのでは、と感じるようになりました。

また、比較的時間に余裕のある大学生のうちにできることをしておきたかったので、将来役に立ちそうな簿記やリテールマーケティング（販売士）の資格を取得しました。

資格は就職活動の際履歴書に書けますし、アピールポイントになると思ったのです。

ただ、いざ資格を取ってみると、**「たくさん資格を取ったところで、就職が確約されるわけじゃないのでは？」**という疑問も湧き上がってきます。

資格を取るまでの期間は、試験に合格するための勉強を一生懸命すればいいだけ。やることが明確で充実しているように思えますし、実際に資格が取得できれば達成感が味わえます。でも、どれだけ資格を取ったとしても、社会で生きていくために役立つ経験や自信を身につけたわけではありません。

結局、根本的な将来への不安は消えませんでした。

もちろん、専門職を目指している人などは、就職が確約されるようなレベルの資格もあるでしょう。でも、それはごく少数ですし、僕のようにやりたいことや就きたい仕事が決まっていない学生にとっては、将来使うかわからない資格をひたすら取ることになってしまう、いくら時間がある大学生とはいえそれはもったいないと思い、それ以上資格の取得に時間を費やすことはやめました。

経験と学びをくり返した学生時代

アルバイトや資格取得を経験したことで、「希望の会社に就職できるかできないかは、大学生活でその人がどんな経験をしてきたかによって決まるのではないか」と思い始めました。自分が面接官だったら、「この学生は面白い経験をしてきている。人とは違うな」と思う人を採用するだろう。それなら、将来使えるかわからない資格を取るより、いろいろな経験を積んだほうがいいと思ったのです。

そこで、「若いうちにやってみたほうがいい」「人生が変わる」と言われていることを片っ端からやってみることにしました。年上の人から話を聞いたり、「人生を変える方法」みたいな本を読んだり、ＹｏｕＴｕｂｅを見たり、ネットで調べたりしていると、多くの人がすすめるのがヒッチハイクと留学でした。

これだけたくさんの人が「人生が変わる」と言うなら、自分も変われるかもしれない。自分が大人になったときに、「あの人はこういうことを言いたかったのか」と理解できるのではないかと思い、挑戦してみることにしました。とにかく、大学に通うこととアルバイトしかしていなかった今の生活を変えたいという気持ちが強かったんですね。

今思い返すと、ヒッチハイクや留学は「人生が変わった！ 皆さんもやってみて！」と大きな声で言えるほどのものではありませんでした。でも、何も得られなかったというわけでもないんです。

たとえば、ヒッチハイクでは、**「怖さ」や「不安」はよくわからない漠然としているものに対して起きるもの**だと学びました。

「誰も止まってくれなかったらどうしよう」、「乗せてもらえても会話が弾まなかったら気まずい」という怖さや不安があったので、はじめのうちは路肩で挙げる手も控えめで、止まってくれる車もいませんでした。数台見送ったところで、「よく考えれば、ヒッチハイクって乗せる側も勇気がいるのでは？」ということに気がつきました。

おそらく、多くの人はどこかに行きたいと思ったら、電車に乗るなり、レンタカーを借りるなり、自分で移動手段を手配しますよね。そのなかでヒッチハイクを選ぶようなちょっと変わった人を自分の車に乗せてあげようと思うこと自体が、ヒッチハイクをすることと同じくらい、またはそれ以上に勇気のいることだと思えてきたのです。

そこで、どうすれば止まりたいと思ってもらえるか？と相手の立場に立って考えてみることにしました。もし僕が乗せる立場だったら、その人がどんな人間なのかと、どこまで行きたいのかくらいは最初に知りたいなと思ったんです。そこで、ダンボールに年齢と、野球をやっていたこと、どこまで行きたいのかを書いて掲げたところ、少しずつ車が止まってくれるようになりました。

何かに挑戦する前は、怖い、不安、失敗したらどうしようと、挑戦しないための理由が次々と頭に浮かんできます。でも、思い切って一歩踏み出してみると物事は勝手に進んでいき、成功させるためには何を改善すればいいかが見えてくるものだということに気づきました。

もう一つ気がついたのは、**思い切って行動した人のまわりには、同じような人が集**

まってくるということ。

ヒッチハイクをやる前は、車に乗せてもらえたとしても、目的地まで会話が続かず気まずくなるのではという不安がありました。でも、先ほど言ったように、ヒッチハイクをしようとする人と乗せてくれる人には、勇気のあるチャレンジャーという共通点があります。

「なぜヒッチハイクをしようと思ったの？」「なんで乗せてくれたんですか？」と、お互いに興味が湧いてくるので、会話に困ることはありませんでした。僕は野球をやっていたことも知らせていたので、それも会話が弾むきっかけになりましたね。

何かに挑戦するということは、今いる場所から抜け出すということなので、まわりに理解されないこともあるし、自分には味方がいないのではと孤独を感じることもあるでしょう。

それでも、一歩踏み出しさえすれば、そこには自分を理解して、肯定してくれる人がきっと現れる。当時はヒッチハイクから学べることなんてあるのだろうかと思っていましたが、今振り返るととても貴重な体験をしたんだなと思います。

また、僕は1カ月だけオーストラリアのブリスベンに短期留学をしたことがあるのですが、その経験から**「自分ゴト化していないものはどんなに頑張っても身につかない」ということを学びました。**

留学する前にインターネットでいろいろ調べてみると、留学のメリットとしてこんなことが挙げられていました。

- 英語の単語しか知らなくても、現地にいれば慣れてきて話せるようになる
- 現地の人と触れ合うことでコミュニケーション能力が身につく
- いろいろな国の人と交流すると考え方が柔軟になる

ただ、これらのメリットを感じるためには、そもそも英語が好きであるとか、英語を学ぶことを他人に言われたからやっているのではなく主体的に取り組んでいるという背景があるから感じられるものです。

僕の場合、「人生を変えたい→留学だ！」となんとなく留学を希望しただけで、自分ゴト化できていませんでした。つまり、完全に受け身の状態で留学を〝こなしていた〟ということですね。

だから、現地に着いてからも常に待ちの態勢で、自分からホームステイ先の方々とコミュニケーションを取りに行くわけでもないし、語学学校でも日本人とばかり過ごしていました。せっかくアルバイト代を貯めて行ったにもかかわらず、留学のメリットを全く得られなかったのです。

仮に、僕が留学へ行く前に、海外の方とうまく交流できなかった経験があったり、英語が話せないことへの危機感を抱いていたら、この留学期間の過ごし方はもう少し変わっていたのかもしれません。

結局、何かを学ぶときは一度自分がその対象を経験し、疑問を持ったり挫折したりしないと主体的に学ぶことはできないんだなと知りました。

そんなこんなで、僕は留学で人生を変えることはできませんでした。

安定志向の就職活動

ヒッチハイクや留学、アルバイトなどいろいろな経験をしてさまざまな学びを得たものの、やはり「この会社にどうしても就職したい」とか、「こういう仕事をやってみたい」といった希望は特にありませんでした。

唯一の希望は、一生安泰と言われるような大手企業に就職すること。

はじめに書いたとおり、僕は元々超安定志向。「将来は独立してフリーランスになりたい！」なんて野心はありませんでした。

むしろ、父親が自営業でつらい思いをしているのを見て「自分で会社をやるのはこんなにも大変なんだ」ということを子どもながらに感じていましたし、母親からも

「安定している会社員か公務員になりなさい」と言われていました。

本当は公務員になりたかったけれど、友達が公務員試験に合格するために毎日死ぬほど勉強しているのを見て、あまり勉強が得意ではなかった僕は早々に「公務員は無理だな」と断念。次に、身近にあって、大手で安定している企業は？と考えたところ、生活に欠かせないインフラ系（ガス、水道、電気）が思い浮かびました。

そこで、地元でインフラ系会社に絞って就活をスタートさせました。

大手企業の内定を得るためには学歴が重要になるといわれますが、僕にはそれがなかったのでどうすれば学歴以上のアピールができるかを常に考えていました。そのために、他の就活生のエントリーシートを見せてもらったり、集団面接がある企業に応募して、みんながどんな内容を話しているのかリサーチしてみたんです。

その結果、多くの就活生は「サークルで頑張ったこと」「アルバイトの経験」「資格やインターンのこと」について話していることがわかりました。

逆に言えば、これらのことを話すと他の就活生と同じような見え方になってしまいます。仮に、自分が面接官の立場だったら、同じようなことを話す就活生を見て見極めるのはかなり難しいでしょう。だから、自分が他の就活生と違う部分をアピールする必要があると考えました。

そこで、留学で学んだ「自分ゴト化」を生かすことにしました。社員として働く以上、会社の売り上げを伸ばすために自分を雇うメリットの段階で証明できれば、興味を持ってもらえると思ったのです。

今まで大学生活でしてきたことを書いたエントリーシートを一掃して、一人の大学生から見た視点でどうすればこの会社の売り上げがもっと上がるのかを語る提案資料として提出するようにしました。このアピール方法がよかったのか、狙っていたインフラ系の会社から内定を得ることができたのです。

両親（特に母親）は「これで一生安泰だね」と喜んでくれましたし、就活中の友達から内定先を聞かれたときも、会社名を言うと知らない人は誰もいなくて誇らしい気持ちになりました。

この時点では、普通に結婚したり、家を建てたりして、この会社に定年まで勤めて安定した人生を送っていくんだろうなと思っていました。

未来の自分が見えなくなった会社員時代

一生安泰だと思って入った会社でしたが、実際に働いてみると想像とは違うことがいくつもありました。

一つは、たくさんの人が働く大きな会社にもかかわらず、教育制度が整っていなかったこと。

直属の上司は基本的に「見て学べ」という厳しい人で、一度営業に同行したら次は一人で行ってこいというスタイルでした。大学を卒業して社会に出たばかりの新人は、営業先でどんな会話から始めて、どう話を展開していけばいいかもわかりません。

「同じ質問は3回までしてもいい」と言ってくれてはいたものの、いつも忙しそうにしているし、1回目の質問でも怪訝そうにされるので、怖気づいてしまい質問することすらできませんでした。

小さな会社で人が足りず、新人教育まで手が回らないというのならわかりますが、僕が入ったのは新人教育をするゆとりがありそうな大きな会社。それなのに、きちんと仕事を教えてもらえないことに不安を覚えました。

もう一つは、バリバリの縦社会だったこと。

僕には厳しかった直属の上司は、さらに上の役職の部長に対してはご機嫌取りやごますりばかりしていました。僕の前で見せる厳しい顔と違い、ペコペコしながらごますりをする上司の顔は今でも覚えているほど強烈でした。

その光景を見たときに「この会社にいたら、自分も10年後、15年後これをやらなければいけないのかな」と思ったのです。

会社員として生きていく以上、出世を目指すものだというのはわかります。役職がつけば給料も上がるでしょうし、仕事をするうえで権限も持てるようになります。でも、出世をするためにがむしゃらに働くことが、自分にとって幸せなことだとは感じられませんでした。

今の会社や上司が嫌なら、もっと教育制度が整った会社に行くとか、同年代が多いベンチャー企業に行くとか、そういう選択肢もあったのかもしれません。でも、会社員でいる限り、上のポジションに行こうとすれば理不尽なこともしなければいけないのではと思ったのです。

もちろん、会社員でいることのメリットは大いにあります。会社というある程度守られた組織の一員として働けること、毎月固定の収入を得られることはありがたいことです。僕のオンラインサロンのメンバーも、メインの職を持っている人がほとんどです。

ただ、当時の僕にとっては、一生安泰だからという理由だけで会社員を続けていくのは難しかった。気づけば、会社員以外の生き方を探るべきではと思うようになっていました。

副業にSNS運用を選んだわけ

これをきっかけに、この先の働き方としてフリーランスになるという選択肢が心の中で芽生えてきました。

とはいえ、どうやってフリーランスになるのかもわからないし、アルバイトと会社に勤める以外で収入を得るという経験がなかったので恐怖心がありました。

だから、いきなり会社員という安定を捨ててフリーランスになるのではなく、会社員として働きながら＋αの収入を得られるようになりたいなと思って、副業でできることを探していたんです。

もしギターが得意だったり、歌がうまかったりすれば、それを発信するという手もあったかもしれませんが、ぶっちゃけ僕自身は何か秀でたスキルを持っているわけではありません。

今までの人生を振り返ってみると、自分自身は器用貧乏だったと思います。野球もそうでしたが、**何でもそれなりにうまくこなすことはできるけれど、一番になれるほど突き抜けたものはない。**そこがすごくネックになっていました。

いろいろと模索しているとき、たまたま一人暮らしをすることになったのでSNSで引っ越しの情報収集をすることにしました。

当時はまだそこまでSNSでの情報発信というのが一般的ではなかったのですが、いろいろ検索しているとSNSで引っ越しについての情報発信をしている人がちらほらいることがわかりました。彼らは画像に文字を入れて投稿していたのですが、それがポータルサイトなどよりも見やすかったんですね。

それを見たときに初めて「これだったら自分でもできるかもしれない」と思って、漠然とSNS運用の副業を考え始めました。

でも、やっぱり最初の一歩を踏み出すには勇気がいります。フォロワーの増やし方なんてわからないし、SNS運用が仕事になるのかもわからない。まわりに相談できる人もいない。

そんなとき、植松努さんの動画と出合いました。植松努さんは、航空機設計を手がける会社に入社したのち、父親が経営する植松電機で産業廃棄物からの除鉄、選鉄に使う電磁石の開発製作に成功した方です。その傍ら、民間企業として宇宙開発にも携わっているといいます。植松さんはさまざまな名言を残しているのですが、そのなかでも僕に一番響いたのは「思うは招く」という言葉でした。

特別なスキルはないけれど、自分が経験してきたこととか、世の中の大半の人たちが悩むようなことをまとめて発信することだったらおそらく自分にもできるんじゃないか。SNS運用がうまくいくのかなんてわからないけれど、うまくいくと思わないと招くこともできないよな！と思い、重い腰を上げて本気でやる決心がつきました。はじめは、自分が一人暮らしを始めたこともあり、「一人暮らしの教科書」となるような情報を発信していました。インテリアの組み合わせ方や掃除術、実際に買ってよかったものを紹介していたんです。

ただ、やっぱり会社員をやりながらだと、時間が足りないわけです。朝9時から夜の7時まで会社で働いていたので、それをこなしながら時間をやりくりして毎日の投稿をするのは本当に大変でした。

朝5時に起きて投稿用の写真を撮ったり、休憩時間や通勤のバスの中で動画や画像の編集をして、なんとか毎日21時に投稿するというのを1年間続けました。

遊ぶ時間やゆっくり休む時間がとれないという意味では大変でしたが、自分のペースで進めることができる副業は自由でラクでもありました。「毎日投稿」を目標にしていましたが、しんどいと思ったら休んでもいい。やっぱりこうしてみようかなと思ったら自分で決めてすぐに進められるのも副業のいいところです。

ただ、好きなことだから1年間続けられたというわけではありません。

僕にとっては、不満を抱えながら会社員という選択肢しかとれない人生がこの先何十年も続くより、SNS運用を軌道にのせるために頑張るほうがよっぽど大変じゃなかったというだけ。寝不足が続いても、自分が納得したうえでやっていることを続けるほうが将来のためになると思えました。

それに、続けていれば少しずつ自分の更新を楽しみにしてくれる人が増えてきます。

「今日もためになりました！」とか「いつも参考にしています」という反応をもらえると、誰かのためになっている、とやる気が出ました。

1年間続けてフォロワー数が伸びると、1カ月あたり会社員の手取りの給料と同じぐらいの収入が得られました。でも、僕は超安定志向で、石橋を叩きすぎてから渡るくらい慎重なタイプなので、まだ会社を辞めるという選択はできませんでした。

もしかしたらたまたま1年うまくいっただけで、これが続く保証なんてどこにもないし、会社員かフリーランスかどちらかを選ぶということ自体がすごく怖いなと思っていたんです。じゃあどうなったらフリーランスとしてやっていけると自信が持てるのか考えてみたのですが、会社員の3倍の月収を得ることができたらさすがに自信を持っていいんじゃないか、と。

そこで、1年後に月収100万円を目指そうと具体的な目標を決め、それに向けて収益をどうやって増やすかという方法を考えていきました。実際にその目標を達成することができ、ようやく会社員を辞めることができたんです。

やりたいことがない人こそ準備をしておく

僕は今、たくさんの方々にSNS運用のノウハウを教えたり、SNS運用の魅力を教える、伝えるということをメインに活動しています。

好きなことややりたいことはないと散々言ってきましたが、今ではこれがやりがいになっています。誰かに「ありがとうございます」とか「勉強になります」と言ってもらえると、本当に幸せだなと感じられます。

でも、SNS運用を始めた当初は、誰かに教えたいと思っていたわけではありませんでした。今のままだと会社員でいる選択肢しかないけれど、少しでも選択肢を広げたい、そのためには今のうちから何かを身につけておきたい、学んでおきたいと思ってSNS運用をスタートさせ、それが今では本業になったというだけ。

オンラインサロンなどでは、もっともらしく「僕はSNSの生かし方をたくさんの人に教えたい」と言っていますが、ぶっちゃけそんなのは後付けの理由でしかありません。

SNSが発達してから「好きなことで生きていく」とか、「やりたいことを見つけよう」という主張をよく見かけるようになりました。たくさんのフォロワーさんからも「好きなことがないんですよね」、「何か始めたいけれどやりたいことが見つかりません」という相談を受けます。

でも、そもそも何かを始めるうえで、明確な目的や理由が必要でしょうか？

僕自身がそうだったように、今やりたいことが特になかったとしても、**将来「これがやりたい！」ということができたときのために、今から準備をしておくことはできると思うんです。**

好きなことを見つけよう、あなたの得意なスキルは何ですか？と言われると、パッと思いつかずに悩んでしまったり、動けなくなってしまう人が多いんですが、僕はそれでいいと思います。

なぜかというと、やりたいこととか好きなことって、ある程度の経験を積んで初めて見いだせるものだからです。それがない人は、次の2つのパターンのどちらかに当てはまるのではないではないでしょうか？

パターン1：単純に「知らない」

世の中にどんな仕事があるのか、どんなものに価値があるのかというのを知らない。自分の引き出しの中身が少なく、やりたいことにまだ出合えていない

パターン2：できないと思い込んでいる

自分には何か突出して秀でたものがないとか、センスがないとか、自分にはできないからと思い込み、できる範囲の中でやれそうなことを探してしまっている

パターン1の場合は、たくさんのことを経験して学んでいくと、やりたいこととやりたくないことの取捨選択ができるようになってきて、そのうち好きなことが見つかると思います。パターン2の場合も、いろいろな経験を積むことで自信が持てるよう

になり、「こういうことがやりたい」と思えるようになるはずです。

現時点でやりたいことや好きなことがなかったとしてもそれは別に変なことではありません。そういう人のほうが多いですし、本当に心からやりたいと思えることに出合えているのならむしろすごいことです。

ただ、今やりたいことがないからといって、ゲームや漫画、スマホをだらだら見て時間を溶かしてしまうのは、本当にもったいない。やりたいこと、好きなことが見つかった瞬間に、すぐにアクセル全開で挑戦できる準備だけはしておきましょう。


その準備としておすすめしたいのが、SNSです。

僕は以前、化粧品のプロデュースをしたことがあります。昔からニキビができやすく、常に肌荒れやニキビ跡に悩まされていたこともあり、いつかメンズ用のBBクリームを作ってみたいと思っていました。

普段発信しているのは「暮らし」に関することなのに、化粧品のプロデュースがなぜ実現したかというと、SNSでの発信を続け、一定数フォロワーを獲得していた

図1｜準備をしておくと目標がすぐ達成できる

からです。一緒にモノづくりをする企業側から見ても、「この人がプロデュースした商品なら売れるだろう」という信頼が生まれます。

つまり、ＳＮＳでフォロワー数を伸ばして影響力をつけておくという「準備」をしていたから、ＢＢクリームを作るという「やりたいこと」が叶ったわけです（図1）。

また、ＳＮＳで発信を続けていることで、僕の考えに共感してくれたり、サポートしたい、一緒に何かやりたいと言ってくれる人が自然と集まってきます。

人手が足りないとき、一般的な企業なら

求人を出し、数回面接をして人を採用すると思いますが、求める人材を見つけるのって実はとても難しいですよね。会社のことを理解してもらって、社員のことを理解して……と、お互いにすり合わせていくには時間がかかります。

その点、僕の投稿を見てくれているフォロワーさんはすでによき理解者なので、「こういうことをやりたい」と言えばすぐに集まって協力してくれます。だから動き出しが早く、やりたいことがどんどん実現していくのです。**これも、ＳＮＳで発信することが「準備」となっていたからです。**

もし、今やりたいことが特にないのであれば、ＳＮＳで影響力をつけておくというのはいい手だと思います。それだけで、将来の可能性がグッと広がりますよ。

COLUMN 1　効率よく仕事を進めるための僕の愛用品

思考を整理し、仕事を効率化するために
僕が実際に使っているツールやアイテムをご紹介します。

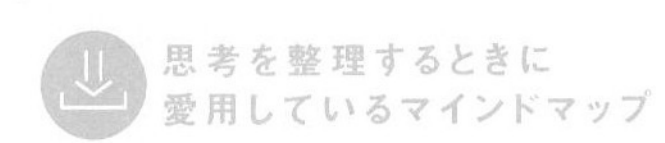

思考を整理するときに
愛用しているマインドマップ

GitMind
| AI搭載マインドマップ

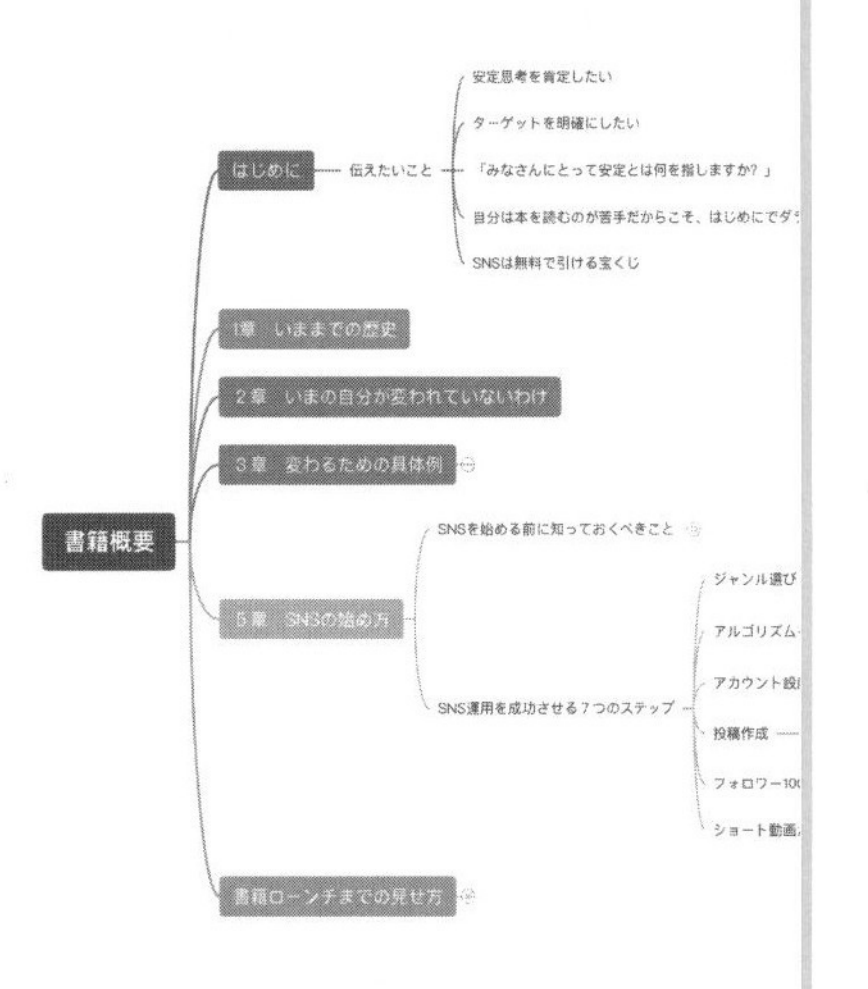

自分の思考を可視化することができるので、タスクの洗い出しやメモとしても活用。シンプルなデザインと機能性で初めての人でも使いやすいので、オンラインサロン生にもおすすめしています。

時間の進み具合を
可視化できるタイマー

minee timer 4

集中力が切れた状態でダラダラ仕事するよりも、集中する時間と適度のインターバルをとって常に効率よく仕事したいので活用しています。色の減り具合で時間の管理ができるので、ストップウォッチよりも捗ります。

よく使うものに
ボタン一つでアクセス

Elgato | Stream Deck MK.2

とにかく効率人間なので、マウスを使ってサイトを開くことすらも面倒。これは、事前に開きたいサイトや操作を設定しておけばボタンを押すだけで実行されるので、都度サイトを開いたり探したりする煩わしさがなくなります。

コピペの手間が
格段に省けるアプリ

Clipy

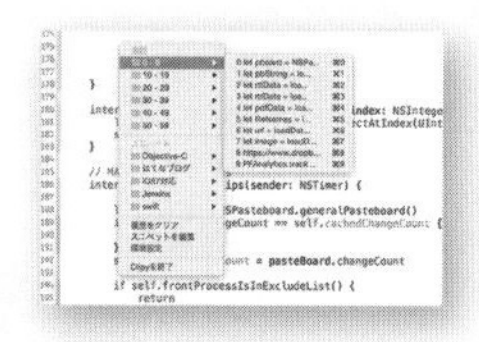

直近30回分のコピーした履歴を残しておくことができるアプリです。そのままペーストすることができるので、コピーのために何度も行ったり来たりしなくてもすむようになるので便利です。

一眼レフ級の写真が撮れる
コンパクトカメラ

RICOH GR III｜デジタルカメラ

ふとした瞬間に、「写真に収めたいな」とか、「これ撮っておいたらコンテンツとして使えそう」みたいなときに、サクッとクオリティの高い写真を撮ることができます。

自分の考えをメモ
したいときに愛用

ゼブラ｜デスクペン フロス

ボールペンって気がついたらどこかにいってしまって使いたいときにないことが多いけれど、これは台座つきで戻す場所があるからサッと使って戻せばなくす心配もなし。インテリアとしてもなじみます。

人間工学に基づいて作られた
負担の少ない椅子

Herman Miller｜セイルチェア

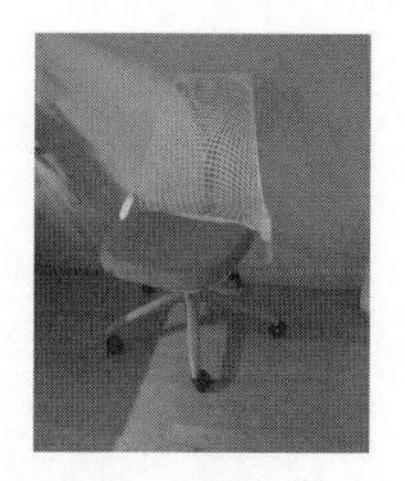

長時間椅子に座って仕事をすることが多いので、腰に負担がかからず長く座れる椅子として購入。シンプルなデザインでインテリアにもなじむし、腰や背中への負担を最小限に抑えられます。

2章

今の自分が変われていないわけ

仕事や生活にモヤモヤを感じながらも、「今」を変えるために動き出せない人は多いはず。その理由が理解できれば、今を変えるためにやるべきことがわかります。

人間の特徴を理解すれば誰でも変われる

1章では、やりたいことができたときのために準備を始めておくことの重要性をお話ししました。また、その準備としてはSNSが最適で、会社員とSNS運用の二足のわらじで始動することをおすすめしています。

2章では、現状を変えたいと思いつつなかなか変えられないという方のために、人間の本質や目標の立て方についてお話をしていきたいと思います。

本気で今の生活を変えたい、人生を変えたいと思ったら、行動に移すのはできるだけ早いほうがいいです。ただ、実際にはなかなか行動に移せないという人も多いのではないでしょうか。休日は勉強にあてようと思っていたのに友達に誘われて遊びに行ってしまった、明日からやろうと思いつつ先延ばしになっている、なんていうことも珍しくないと思います。

僕は、行動に移すまでは比較的早いのですが、一人で作業をしているとどうしても行き詰まってしまうこともありました。そんなとき、いろいろな本を読んだり、動画を見たりしているうちに、

人間には、本来「変わりたくない」という原理原則が働いている

という説があることを知りました。

多くの人が「変わりたい、今の自分を変えたい」と思っているのに変われないのは、人間は基本的には変わりたくないと思っている生き物だからだったわけです。

これは理屈ではなく本能なので、皆さんが「こういうことがやれるようになりたい」、「できるようになりたい」、「人生を変えたい」と思っていてもなかなか変われないのは、ある意味仕方がないことなのかもしれません。

また、人間は環境の変化に適応する能力がずば抜けて高い生き物でもあります。世界中で新型コロナウイルスが大流行したとき、外出自粛が求められて多くの方が在宅ワークを余儀なくされました。それまで会社に行って働くことが当たり前だった人に

とっては、大きな環境の変化が起こったはずです。

このような大きな環境の変化は、人間にとってストレスになるはずと考えられていました。メリーランド大学のロバート・H・スミス経営大学院のトレヴァー・フォーク教授も「人は大きなストレス源に見舞われると、生活習慣が乱れ、自分をコントロールできず、普段の自分ではないように感じる。そのストレス源がなくならない限り、自分が正常だという感覚は戻ってこないと考えられがちだった」と言っています。

ところが、その後の彼らの研究によると、人が環境の変化によって無気力感を感じたのは2日ほどで、2週間以内にはそのストレスに適応し始めたそうです。

つまり何が言いたいかというと、

- 人間という生き物はそれほど変わりたくないという気持ちが強い
- 周囲の環境の変化に一時的にストレスを感じても自然に適応していくので、環境の変化だけでは自分自身はなかなか変わらないということです。

ただ、そのなかでも人生を変える人、どんどん未来を変えていく人も一定数います。皆さんのまわりにも今の自分に満足せず常に新しいことに挑戦していたり、次々と結果を出していく人っていませんか？

誰にでも変わりたくないという本能はあるはずなのに、彼らはなぜ変われるのかというと、無意識か意識的かわからないけれども、人間の原理原則というのをちゃんと理解して、自分がどんな行動をとっていけばいいのか考えているからなのではないでしょうか。

PICK UP!

●変わりたくてもなかなか変われないのは仕方がないという人間の特徴を理解すると、変わるためには何をするべきかがわかってくる

人間にはコンフォートゾーンがある

次に、皆さんに知っておいてもらいたいのは、**人間には「コンフォートゾーン」というものが存在している**ということです。

コンフォートゾーンとは、心理学やコーチングでよく用いられる言葉で、ストレスが少なく落ち着いて過ごせる自分の中の安全領域のことをいいます。人間は、自然とこれを形成する特徴があります。

わかりやすくサウナでたとえてみましょう（図2）。

僕たち人間は恒温動物なので、外気温によって体温が変わることはありませんが、サウナに入ると深部体温が上がっていきます。ただ、１００度のサウナに入ったからといって、体温が１００度になることはありません。汗をかくなどして放熱し、一定

図2｜コンフォートゾーンとモチベーション

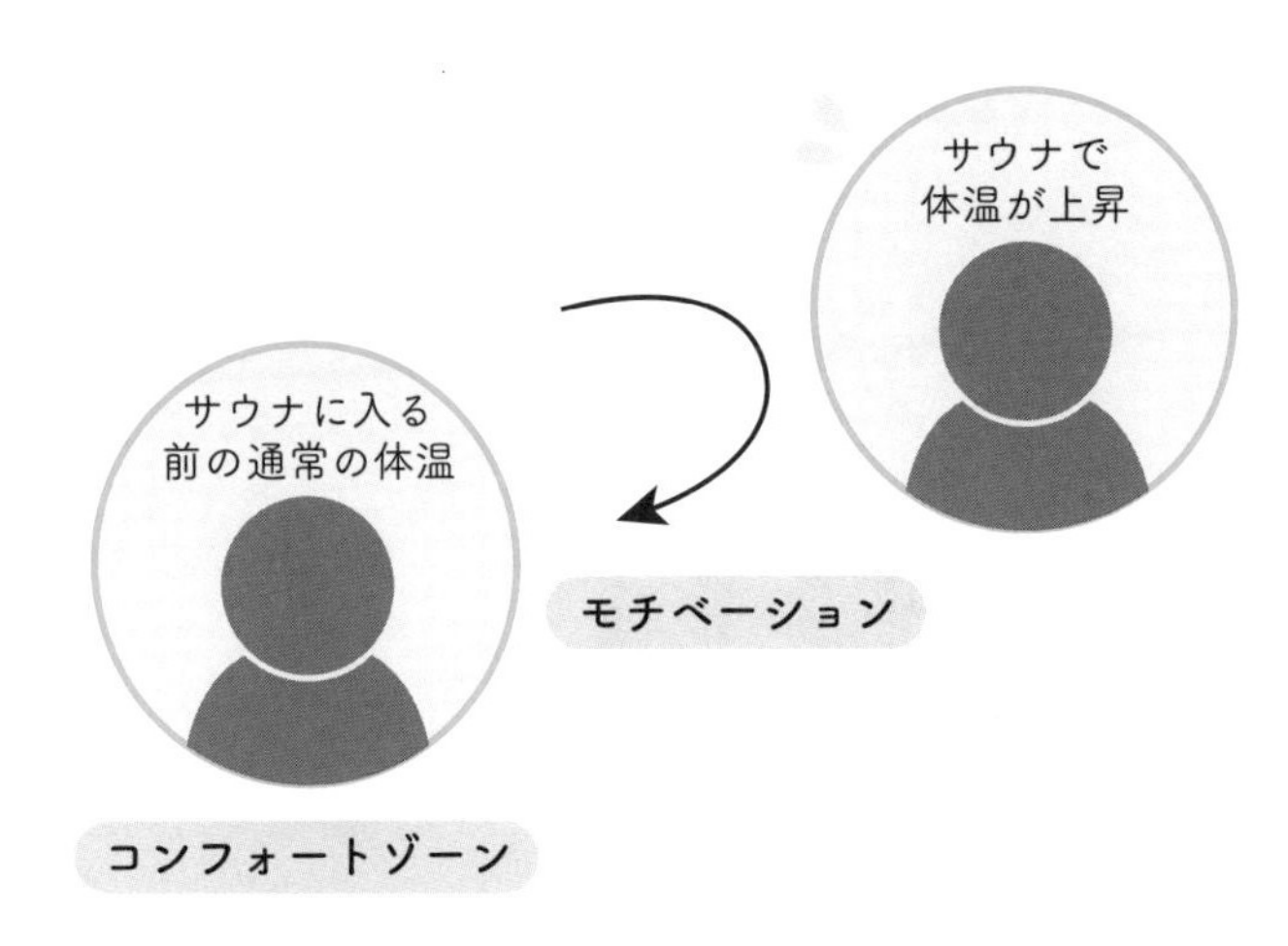

の体温を保ちます。

　この例でいうと、サウナに入る前の通常の体温がコンフォートゾーンです。先ほどの「人は変わりたくない生き物だ」という話と同じで、人間は安心安全であるコンフォートゾーンから離れたくないもの。だから、サウナに入って体温が上がると、汗をかいて元の体温のコンフォートゾーンに戻そうとするわけです。

　ただ、「汗をかけ！」と体に命令したり、何かスイッチを押したりしているわけではなくて、勝手に汗をかいていますよね。このように、**コンフォートゾーンに戻そうと**

する働きは、無意識のうちに行われます。

そして、コンフォートゾーンに戻そうとする力のことをモチベーションといいます。

モチベーションというと、やる気や意欲と捉えている人が多いですよね。辞書にもそう載っているので間違いではないのですが、心理学やコーチングの観点では少し意味が違います。

サウナの例でいうと、

コンフォートゾーン↓通常の体温

コンフォートゾーンの外側↓サウナに入ることで上がった体温

モチベーション↓汗をかいて通常の体温に戻そうとする力

ということになります（P65）。

そして、コンフォートゾーンから離れれば離れるほど、元に戻ろうとする力が強くなる＝モチベーションは強くなっていくというわけです。

新しいコンフォートゾーンを未来に作る

ここまでの話で、人間はとにかく変わりたくない生き物だということがわかったかと思います。では、人生を変えていける人たちはどうして変われたのでしょうか。

その理由は明確にあります。

彼らは、「新しいコンフォートゾーンを未来側に作っている」のです。

難しく思えるかもしれませんが、意外と日常生活の中で皆さんもコンフォートゾーンを未来に移していることがあります。

たとえば、ダイエット。痩せたいとは思いつつも、美味しいものも食べたいし、キツイ運動はしたくない。「ちょっと太っていて理想の体型ではないけれど、好きなものを食べてゴロゴロしていられる今の自分」がコンフォートゾーンになってしまっている状態です。特に努力をする必要はないのでラクですが、痩せてキレイになることはありません。

ところが、半年後に結婚式が決まったとしたらどうでしょう。「痩せてドレスを美しく着こなしたい」と思いませんか？　その目標を叶えるためには、好きなだけ間食をしたり、休日にダラダラと寝転がっているだけの自分を変えるしかありませんよね。ただし、コンフォートゾーンが現状にあるうちは、モチベーションが現状に向かって働いてしまいます。三日坊主がいい例かもしれません。2〜3日は間食をやめたり運動をしたりと頑張れても、好きなものを食べてゴロゴロしているほうがラクなので結局挫折してしまったという経験がある人も多いのではないでしょうか。

コンフォートゾーンは安心できる領域なわけですから、そこから抜け出すのは簡単ではありません。だから、まず結婚式で美しくドレスを着こなしている自分という明確なゴールを設定します。未来に新しいコンフォートゾーンを作るわけです（図3）。

そして、実際に着たいドレスを探したり、試着しに行ったりして臨場感を高めます。「私なら着こなせるはず。キレイな姿で結婚式を挙げたい」というイメージを強くしていくのです。すると、脳もそちらのほうが正しいと思うようになっていきます。

図3｜未来に新しいコンフォートゾーンを作る

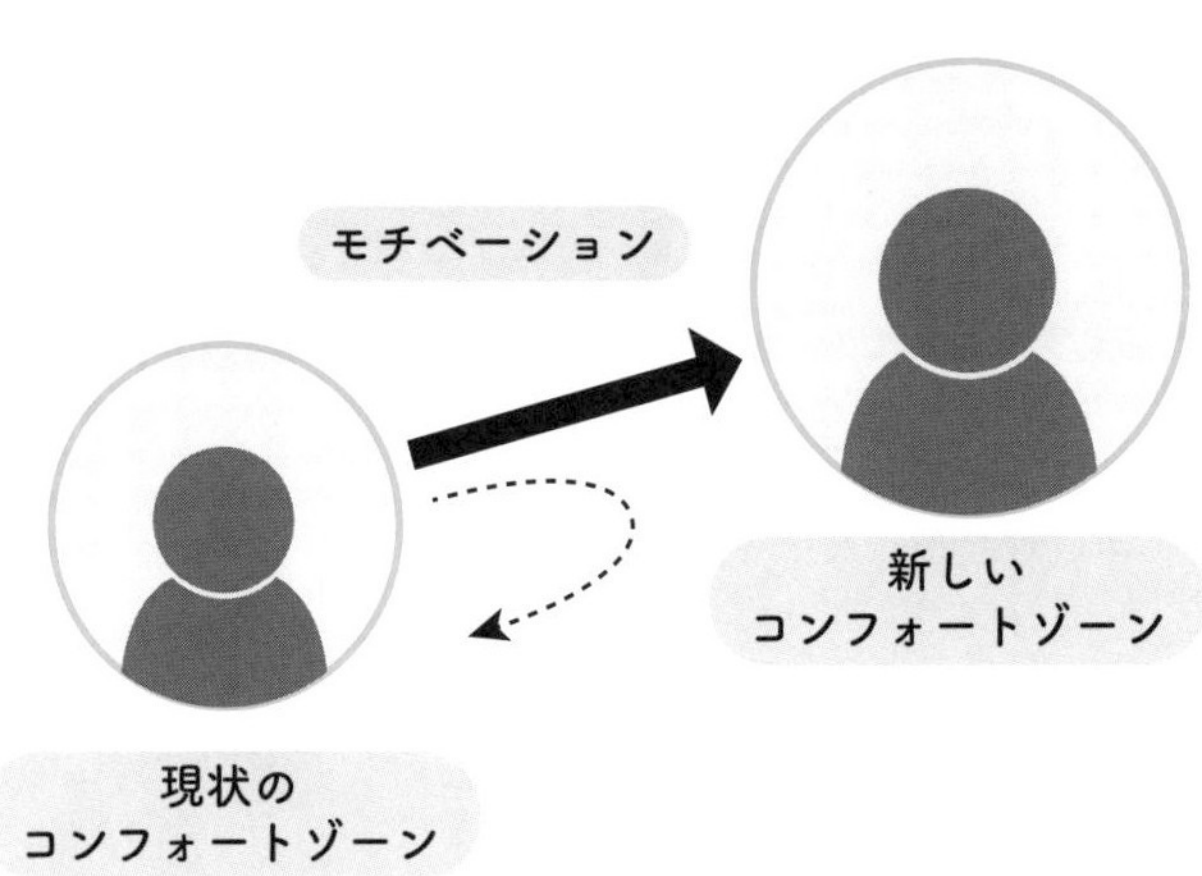

コンフォートゾーンを同時に2つ持つことはできないので、自然と未来側の新しいコンフォートゾーンにモチベーションが働くようになります。だらけた生活に戻りたいと思うより、痩せてキレイになるために努力するという意識に自然になっていくということです。

同じように、成功している人たちも新しいコンフォートゾーンを未来側に作っています。

たとえば、成功者の自己啓発本を読んでいると、「お金に余裕があるわけではないけれど、コンビニで1000円募金をしてみた」というようなエピソードがよく出てきます。

普段からあたかもお金を持っているような振る舞いをしていると、「自分はお金持ちなのだ」という気がしてきて、実際のふるまいや行動が変わり、結果的にお金持ちになれる、というようなことが書かれているのです。

はじめはそんなことあるかい！と思ったのですが、今では「新しいコンフォートゾーンを未来側に作る」ということを言いたかったのだとわかります。

「今の自分はこんなもんじゃない」「未来の自分はもっとお金持ちなんだ」

思い込みでいいので、こう意識することはとても重要。成功している未来の自分という新しいコンフォートゾーンを作るためには欠かせません。

そして、その未来の自分という目標を達成しようとするために、モチベーションが働くわけです。目標が高ければ高いほど、モチベーションは強くなります。

ダイエットの例でいえば、体重を1kg減らすのが目標なら間食をやめるだけでいいかもしれません。でも体重を10kg減らしたうえで引き締まった体にするのが目標なら、しっかり食事制限をして運動もするはずです。
新しいコンフォートゾーンを未来側に作ると、日ごろの行動や意識がどんどん変わり、目標を達成するための動きができるようになって、結果的に目的の達成につながっていく。自分を変えたい人は、ぜひこの仕組みを知っておいてほしいと思います。

PICK UP!

● **コンフォートゾーンを現状から未来に移すとモチベーションの方向が変わり、自分を変えられる**

成長できれば目標達成はマストじゃない

新しいコンフォートゾーンを未来側に作るときに大事なのは、目標の設定の仕方なのですが、日本人の多くは目標を低めに設定してしまいがちです。

なぜかというと、学校教育のときからずっと「自分がたてた目標は必ず達成するもの」と教えられてきて、達成できない目標はたててはいけないと考えている人が多いからです。

ここで皆さんに質問です。次の2人のうち、どちらがより成長しているかを考えてみてください。

・営業 Aさん

1年目に50件新規契約を獲得することができたので、2年目の目標は55件に設定。

その結果、55件成約できて目標を達成した。

・営業Bさん

1年目に新規契約を50件獲得できたので、2年目の目標は100件に設定。その結果、70件しか成約できず目標は達成できなかった。

さて、どちらが成長していると言えるでしょうか？ 答えはBさんです。

たしかに、目標達成という点でみると、Aさんは自分のたてた目標をしっかりと達成することができています。ただ、成長率でみると110％しか伸びていません。

一方、Bさんは100件という目標こそ達成することはできませんでしたが、成約数は20件伸びているので成長率は140％になります。つまり、成長率という観点では圧倒的にBさんのほうが伸びていることがわかります。

この成長率という考え方ができずに、目標を達成したかどうかだけで見てしまうと、いつまでも現状のコンフォートゾーンを抜け出すことができません。

かつては僕もそうでしたが、リスクや失敗を怖がって達成できそうなところを目標にしてしまうと、目標にギリギリ届くか、悪くするとその手前で終わってしまうこともありました。

「失敗してもいいから、達成できないくらいのところに目標を設定しよう」。そう考えるようになってから、想定をはるかに超えることができるようになったのです。

皆さんも、達成できるかできないかは置いておき、さすがにこれは無理かもと思うくらいのことを目標にしてみてください。誰かに宣言する必要はないので、達成できなくても問題ありません。

自分を変えるということは、それくらいの気持ちが必要です。

PICK UP!

- **確実に達成できそうな目標を立てるより、高い目標を立てたほうが大きな成長が見込める**

前提条件にとらわれない

先ほどの話には続きがあります。おそらく、多くの方はAさんと同じように実現可能なラインの目標を無意識的にたててしまうと思います。この実現可能なラインという言葉を言い換えると、「自分が前回よりももっと頑張れば達成できそう」という意味になるので、基本的に多くの方は前よりももっと頑張ろう！たくさん働こう！という努力の仕方をしてしまいます。

その結果、目標は達成できるけれど、根本的に前回よりも大きな成果をあげることはできません。その最たる原因は、前提条件が変わっていないからです。前回50件だった成約数を100件にするという目標は、以前と同じ働き方をしていても達成することはできません。大きな成果をあげるためには、「自分が一生懸命営業する」という、その前提を変える必要があります。

たとえば、

①誰かを雇って自分が営業している間に並行して営業してもらう
②一人のお客さんから複数の成約を獲得する
③そもそも対面の営業ではなくオンラインで営業する

といったように、「自分が一生懸命営業する」＋「人やツールをうまく使う」という前提にすれば、目標を達成できそうですよね。今のやり方では絶対に達成できない目標をたてたからこそ、現状の常識を疑い、新しいアイデアが生まれるわけです。

人生を変えたいけれどなかなか変えられないという人は、この前提条件に縛られてしまっていることが非常に多いです。**「今の自分にはこういうことしかできないから」とか、「今の働き方だったらここまでしかできないから」と思い込んで前提条件を変えることができないから、自分自身も変えることができないんです。**

僕も以前は、会社員という安定を手放してフリーランスになるなんて無理だと思っていました。社会人になりたてで特別なビジネススキルも持っていなかったし、僕の中で「安定した人生を送るために大手企業の正社員でいること」が前提条件だったからです。

でも、「現代においての安定とは、いろいろな選択肢がとれる市場価値の高い人間になることなんじゃないか？」と気づいてからは、フリーランスになることに恐怖心がなくなり、いろいろなことにどんどん挑戦できるようになりました。

前提条件を変えたから、自分を変えることができたのだと思います。

PICK UP!

● 「自分にはできない」という前提条件を変えれば世界が広がる

自分を変えられる人と、変えられない人の違い

①全ての責任は自分にあると思えるか

僕は今、ショート動画の作り方を教えるオンラインサロンを運営していて、累計の会員数が3000名以上います。この中には、明確に実績を出せる人と実績を出せない人がいることに気がつきました。両者の違いが何かというと、「とりあえずやってみることができるかできないか」という、ただそれだけのように思います。

たとえば、解約退会する最も多い理由は、「オンラインサロンを活用しきれませんでした」とか、「コンテンツの量がありすぎて逆にわかりづらかった」なんです。もちろん、僕ら運営側も皆さんがもっと使いやすいように、コンテンツを整理したり、提供の仕方を改善したりする義務は当然あると思います。

でも、実際に成果や実績を出せている人はいるので、コンテンツ自体に問題があるわけではなさそうです。ではなぜ差が生まれるのかを考えてみると、両者の違いは、その人自身のスタンスや意識にあります。おそらく、退会していってしまう人は、

オンラインサロンに入ればわからないことを教えてもらえると思っていた
オンラインサロンが自分の現状を変えてくれると思っていた

という人が多いのだと思います。でも、実績を出している人たちは、「まずは自分が動かなきゃ今の環境が変わることはない」ということをきちんと理解しています。

たとえば、コンテンツにひととおり目を通したあとに、自分は何に悩んでいるんだろうと考えて、もう一度自分が欲しいと思う情報が得られそうなコンテンツを見返したり、それでもわからなければ質問したり、オンラインサロンから何かを得ようと積極的に行動します。

②自分のレベルと学び方の理解が足りていない

実は僕自身、社会人になりたての頃に1カ月でビジネススキルを高めるという数

十万円する講座に入って失敗したことがありました。なぜ失敗したかというと、自分のフェーズをちゃんと理解していなかったから。僕が入っていたのは思考の整理の仕方や問題解決能力を高めるためにワークを実践していくという講座だったのですが、教えられていることを自分自身がその段階で必要としていなかったし、危機感を持って本気で取り組む段階まで達していなかったのです。高いお金を払って講座に入ったことに満足して何も学ぶことができず、自分を変えることもできませんでした。

何かやりたい、何かを学びたいと思ったときは、まずはゼロからちょっとやってみるべきだと思います。いきなり高いお金を払って形から入る人も多いと思いますが、まだ購入しようとしているものの必要性や価値を見極められていないので、購入しても内容が理解できなかったり、意欲が失われてしまったりすることが多いんです。

だからまずは、ミニマムスタートしてみること。**ちょっとやってみた結果、あまりうまくできないとか、独学だと難しいというのを実感して、初めて誰かの講座に入るか、それとも教材を購入するかを検討するといいと思います**（図4）。

このミニマムスタートをするにあたって、一人で継続するのが難しいという人は、

図4｜まず自分のフェーズを理解する

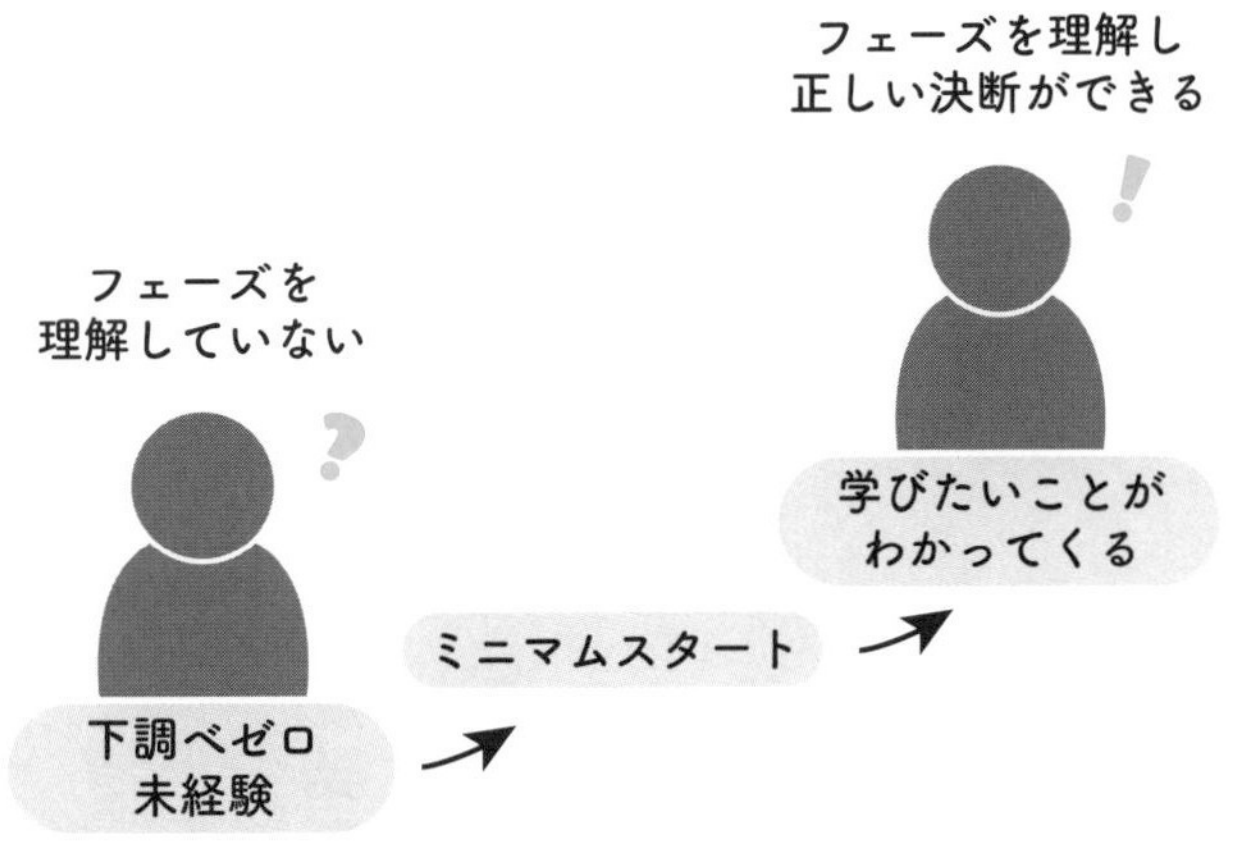

フェーズを
理解していない
下調べゼロ
未経験
ミニマムスタート
学びたいことが
わかってくる
フェーズを理解し
正しい決断ができる

SNSと掛け合わせてやっていくのがいいでしょう。

たとえば、TOEICで800点を取るために勉強する、掃除が苦手だけど部屋をキレイにしていくなど、目標を達成するまでの過程をSNSで発信していくと、誰かに見られている状況を作ることができます。人の目があると継続しやすいですよね。

ミニマムスタートとSNSを掛け合わせるときに大事なのが、撤退ラインを決めておくこと。SNSは基本的には無料で発信できますが、だからといってダラダラ続けても意味がありません。「3カ月間でここまでできるようにならなかったら講座に入ろう」といったように、撤退ラインを決めておきましょう。そうすれば、自分のフェーズがわかってきた最もいいタイミングで次のステップに移れるので、効率よくスキルを身につけられます。

③今の環境が自分の限界を決めている

皆さんは、「いつもまわりにいる5人の平均が自分になる」という話を聞いたことがありますか？　これは、アメリカの起業家であり、若くして一流企業のコンサルタントとしても活動し、31歳で億万長者となったジム・ローン氏の名言の一つです。簡単に説明すると、話し方や言葉使い、しぐさ、時間感覚、趣味、思考、年収など、人はあらゆる面において、身近にいる人たちの影響を受けているということ。

たとえば、僕は年に1回、地元の会社員時代の同期と旅行に行くのですが、みんなで温泉に入っていたときにたまたま脱毛の話題になったことがありました。その中で脱毛しているのは僕だけだったので、この状況では

- 脱毛をしている僕がマイノリティ
- 脱毛をしていない人がマジョリティ

となり、脱毛していないことが普通になります。ですが、東京の仲間の中では脱毛している人のほうが多いので

- 脱毛すること→マジョリティ
- 脱毛していないこと→マイノリティ

となり、脱毛していることが普通になります。つまり、「普通」の定義は、属するコミュニティによって変わるというわけです。この理論を踏まえると、人口が多く優秀な人が集まりやすい都市部、とくに東京のほうが当然いい刺激や影響は受けやすいということになります。

さらに、成長するためには努力は必要不可欠ですが、正しく努力をするためには新

鮮な情報が必要。新鮮な情報を持った優秀な人材に会える環境に足を運び、関わり、常識を刷新することで、より自分を成長させることができるはずです。

ただ、誰もがいきなり都市部や東京に出ることは難しいはず。だからこそ、隙間時間はとにかくインプットに当てて欲しいのです。自分が尊敬している人や、この人みたいになりたいと思う人の発信を見て、いろいろな人の考え方に触れてください。

僕が会社員だった頃は、**通勤など移動時間に、voicyやYouTubeで情報を耳からインプットしていました。**旧Twitter（現X）でリサーチ用のアカウントも作っていましたね。情報をキャッチする環境が整っていない地方にいるぶん、できるだけ多く情報に触れられるような環境を作ることから始めたのです。

PICK UP!

- **自分のフェーズを理解するためにも積極的に情報をキャッチし当たり前をアップデートする**

3章

自分を変えていく方法

「人は変わりたくない生き物である」という人の本質を理解したうえで、自分を変える方法の具体例を提案します。

効率的に時間を使う

2章では、会社員として安定した仕事を続けながら、新しいことを始めるために必要なマインドについて説明しました。この章では、具体的にどんな行動をすれば自分を変えていけるかということをお話ししていきます。

僕が「好きなことで生きていこう」と発信していることもあり、フォロワーさんからDMで相談を受けることが多々あります。そのほとんどが、「やりたいことがあるけれどできない」という相談です。

できない理由は、お金がない、経験がない、学歴がない、才能がない、コネクションがないとさまざまあるようですが、たいていの場合は「時間がない」なんです。

でも、よく考えてみてください。1日24時間、1年365日という条件はみな同じです。何かを始めるとき、誰もが同じスタートラインに立っているわけではありません。年齢や性別、家庭環境など、自分では選べないこともありますよね。ただ、時間だけは唯一誰にでも平等に与えられているものなんです。

なかなか動き出せない人は時間を意識していないのではないでしょうか。若いときほど時間は無限にあるように感じてしまいがちですが、実は数字にして可視化すると限られているものだということがわかります。

仮に僕らが100年生きることができたとしましょう。これを時間に換算すると、876000時間になります。

このなかには、親に支えられたり、自分の意志だけで過ごせない時間も含まれます。成人と比べて、未成年は親の許可がないとできないことも多いですよね。0歳から20歳までは親に支えられて生きるものと考えると、その時間は約175200時間となります。

また、70歳から100歳までは、老化に伴って体力や気力が削がれ、できることが限られるようになっていきます。この30年間がだいたい262800時間。さらに1日の睡眠時間を7時間とした場合、20～70歳のうち127750時間が睡眠時間にな

図5｜一生のうちの自由な時間

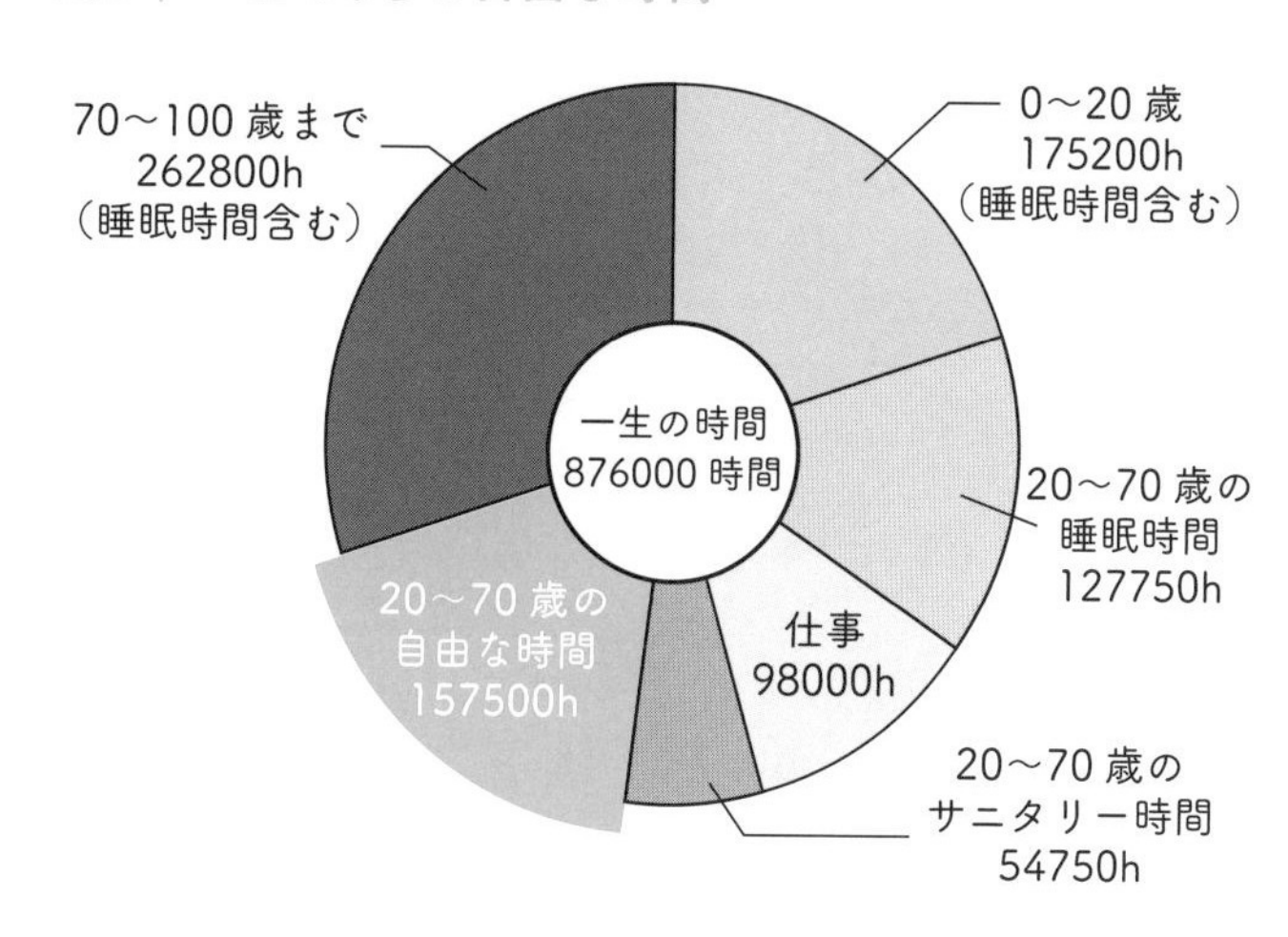

ります。

つまり、好きなことを思いっきりやれる時間は人生のうちたったの15万7500時間しかありません。日数や年単位で考えると、6563日、約18年。こうして可視化してみると、時間が有限であることがわかってきますよね（図5）。小難しいことをお伝えしましたが、一生のうち18年しか自由に使える時間がないと理解してもらえればOKです。

だから、時間を効率よく使う工夫をすることがとても大切なんです。

そうは言っても忙しくて時間がないという方は、1日のうち時間をどう使っているか考えてみてください。

図6 | 1日の活動に使う時間の割合

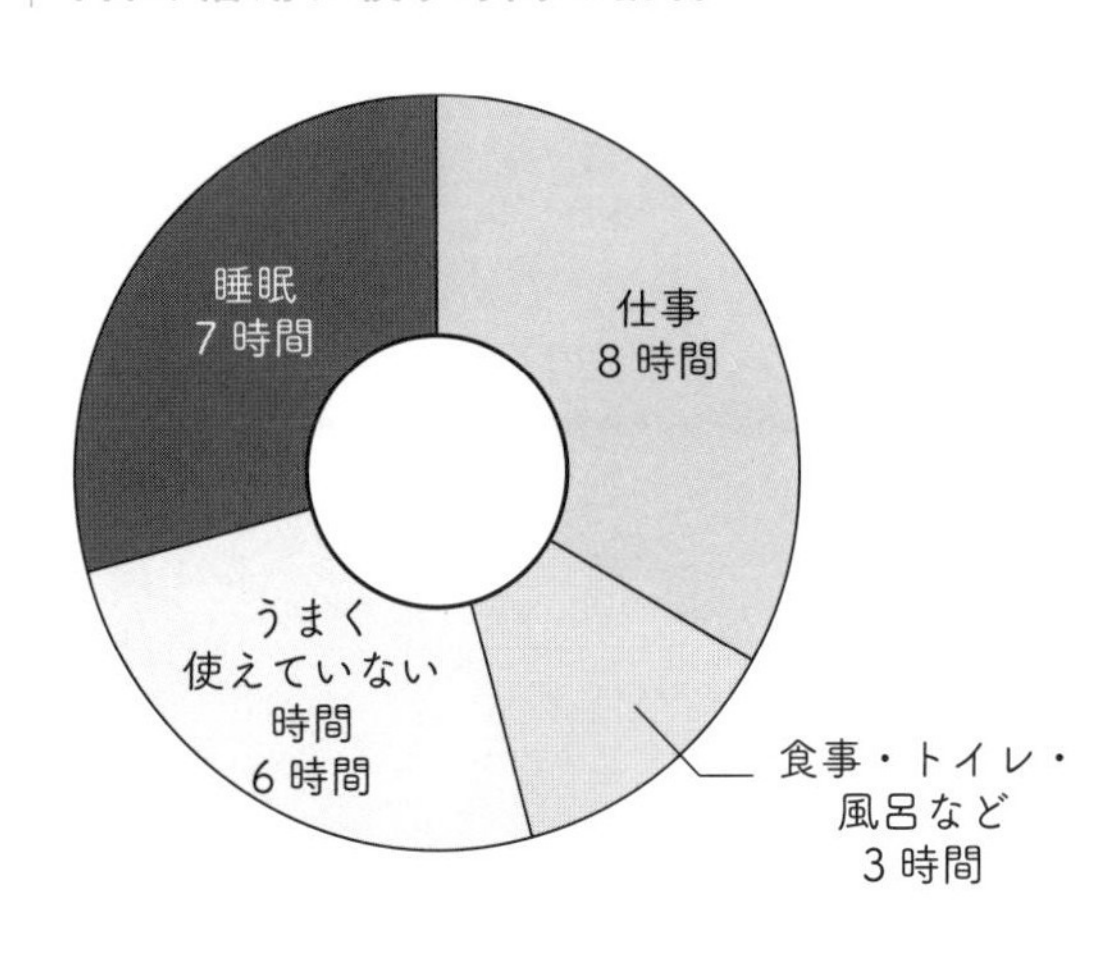

一般的な会社員で、就業時間が8時間、睡眠時間が7時間だとしましょう。そして、通勤や食事、入浴、トイレなど生活するうえで必ず必要なサニタリー時間を仮に3時間とします。つまり、仕事、生活、睡眠で18時間使うことになります（図6）。

生きていくうえでやるべきことはこの18時間の中で大体終わるとして、あとの6時間は何をしているでしょうか。僕に相談をしてくれるフォロワーさんに「これぐらいの時間が残っていると思いますが、その時間何をされていますか？」と聞くと、大体の方が「わかりません」と言います。

僕が会社員だった頃は、この6時間をネッ

トサーフィンやYouTube、SNSをただボーッと見ている時間に費やしてしまっていました。

「時間がない」のではなく、「時間がうまく使えていない」状況だったわけです。

6時間もあれば、情報をインプットしたり、人と会ったり、勉強をしたりするには十分です。ただなんとなく過ぎていく時間にするのはもったいないですよね。

生活を支えるための仕事をしながら、自由な生き方ややりたいことを見つけていきたいのなら、まずは時間の使い方を見直してみてください。きっと、好きなことややりたいことに使える時間は捻出できるはずです。

PICK UP!

- **好きなことが自由にできる時間は限られていると認識し、なんとなく過ごしている時間がないか見直す**

誘惑に流されない環境を作る

基本的に、人間は意志の弱い生き物です。これは皆さんだけじゃなくて僕もそうですし、大成功を収めている人でも目の前に誘惑があったら流されてしまうと思います。だからこそ、誘惑に流されない環境を作ることが重要です。

海外で行われた心理実験で面白いものがあったのでご紹介します。

まず、人を集めて2つのグループに分け、そこにクッキーを置いておきます。Aグループに置いたのは、クッキーがそのまま入った缶。Bグループには、クッキーが一枚ずつ個包装された缶を置きます。クッキーの枚数はどちらも同じです。

そして、自由にこのクッキーを食べていいよと言ったとき、クッキーの消費量はどうなったかというと、食べる前に袋を開ける必要があるBグループのほうが、圧倒的に消費量が少なかったんです。袋を開ける手間なくそのまま食べられるAグループは、食べるまでのハードルが低いので消費量が増えたといいます。

この心理実験から何がわかるかというと、**人は何かアクションするときに面倒なことが間に一つでも挟まっていると、その行動を起こす回数が減るようになっているということ。**クッキーの袋を開けるという簡単な動作ですら面倒に思うわけです。

この心理法則を利用して、誘惑に流されない環境を作ることができます。

たとえば、SNSやYouTubeをダラダラ見てしまう人は、iPhoneならスクリーンタイムという機能を設定してみてください。一定の時間が経過するとアプリを使用できなくなり、開くためにはパスワードを入力するというひと手間が必要になります。このひと手間がかかるようになることで、「今は自分の時間に集中しよう」、「やるべきことをやろう」と、思いとどまることができるはずです。

ちょっとびっくりされるかもしれませんが、会社員と副業の二足のわらじを履いていたとき、僕はLINEの友達リストを全て非表示にしていました。友達リストが常に表示されている状態だと、飲みに行きたくなったり、友達を遊びに誘いたくなったときにすぐに連絡できてしまうからです。

全て非表示にしておくと、わざわざ普通の表示状態に戻さないと連絡できません。このひと手間が、本当に今遊びたいのか、飲みに行きたいのかと思いとどまるブレーキになっていました。

成功している人は、意志が強くストイックと思われがちです。**でも、実は自分が意志の弱い人間だということを誰よりも理解し、環境や仕組みの力を借りながら本当にやらなければいけないことを継続している人が多いのではないかと思います。**

また、コミュニティに所属して誰かと一緒に頑張っていくという環境を作ることもいい方法です。2章でお伝えしたように、何かを始めるときにSNSでの発信をセットにすると、フォロワーさんが励みになり継続しやすくなりますよ。

PICK UP!

- **人間は意志の弱い生き物。誘惑の前にひと手間かかるような設定・環境作りをして流されないようにしよう**

いい習慣を身につけるための4ステップ

皆さんは、朝の洗顔や寝る前の歯磨きを面倒だなと思いながらやっていますか？おそらく多くの人が当たり前に、無意識にやっていると思うんですよね。それは、生活の中ですでにルーティンとなっているからだと思います。

「習慣は第二の天性」という言葉を聞いたことがあるでしょうか。これは、「日常的にくり返すことで身についた習慣は、生まれつきの性質のようになっている」という意味です。これが少し厄介で、だらだらスマホを見てしまうといったような悪い習慣が身についてしまっている場合、しっかり意識しないとなかなかやめられません。

一方、いい習慣を身につけるのも難しいもの。子どもの頃から毎日当たり前にやってきた洗顔や歯磨きと違って、これから何かを習慣化するためにはきちんとステップを踏んでいく必要があります。

図7 | 習慣化するための4ステップ

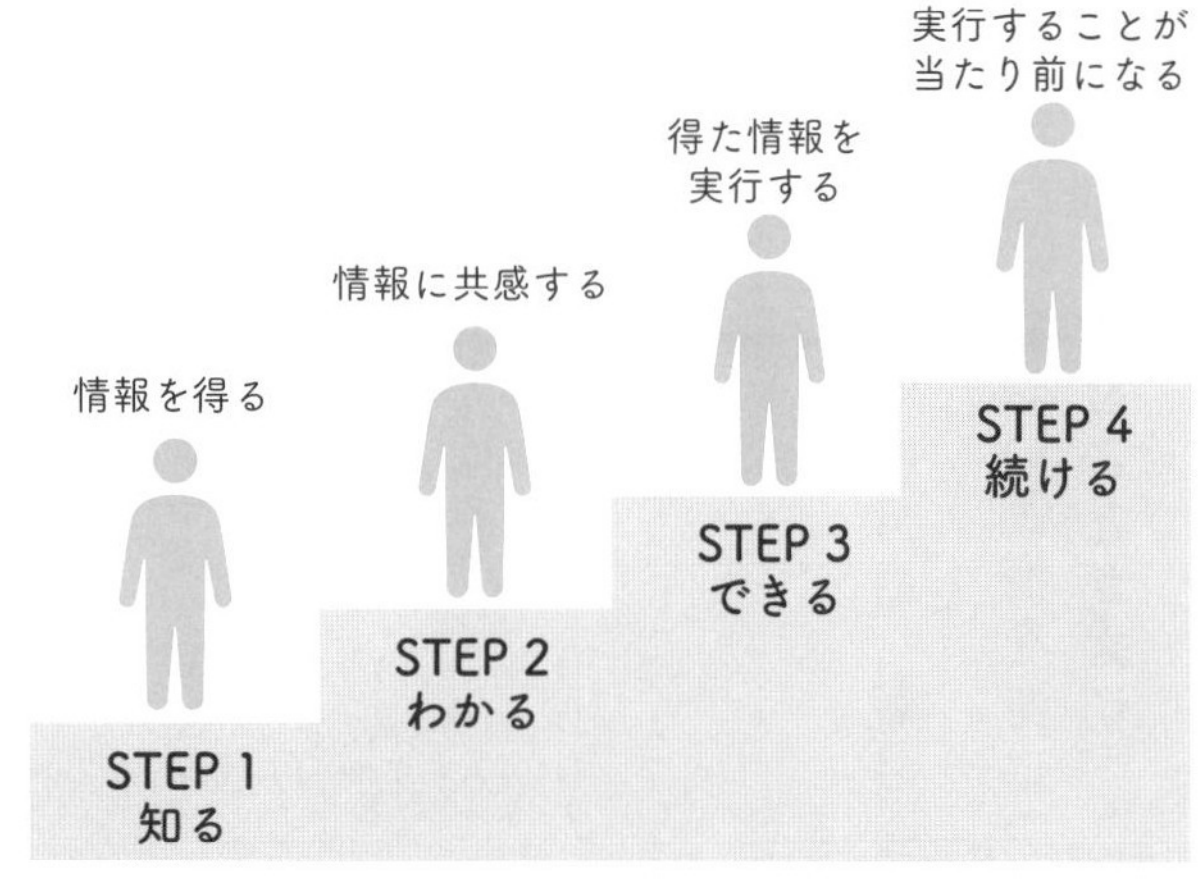

そのステップというのが、**「知る」「わかる」「できる」「続ける」の4つです**（図7）。

たとえば、僕が「早起きは大事だよ」と皆さんに伝えたら、皆さんは「早起きって大事なんだ」という情報を得ます。これが1つ目のステップの「知る」ですね。

次のステップの「わかる」は、知ったことに心から共感したり、納得した状態のこと。

「僕は元々早起きが得意ではなかったけれど、早起きをしてカフェで1時間作業をしてから会社に行くことで、すんなり仕事モードに入れるようになった」という過去の経験やストーリーを伝えることで、「だから早起きが大事なんだ」と深く共感できると思います。

3つ目のステップの「できる」は、早起きは大事ということに深く共感したことで、自分自身でも早起きをしてみようと実行に移すフェーズです。

実践してみて、やっぱり早起きは大事なんだと実感し、早起きが当たり前になっていくと4つ目のステップの「続ける」という状態になります。

この4つのステップは、1段階ごとに難易度が10倍上がるので、「知る」から「わかる」に進める人はおそらく10人に1人くらい、何かの情報を知ってから「続ける」までを達成できる人は、1000人に1人しかいないということになります。

それくらい習慣化するということは難しいものなので、4つのステップを順に踏んでいくことが重要だということを認識してもらえたらなと思います。

PICK UP!

新しい習慣を身につけるためには4つのステップを踏むことが大切

すでにある習慣と組み合わせて習慣化する

習慣化する4つのステップをふまえたうえで、習慣化するための具体的な方法をご紹介します。僕自身、これまでさまざまな自己啓発本や習慣化の本を読み、いろいろ試して取捨選択してきました。習慣化ノウハウの完全版と言っても過言ではない情報かなと思いますので、ぜひ参考にしてみてください。

僕は毎朝6時にvoicyというアプリでラジオを配信をしています。1回の配信で15分ぐらい話をするのですが、それを毎日となると結構大変なんです。はじめのうちは自分の中でvoicyの優先度が下がって、2日に1回、3日に1回……とだんだん更新頻度が落ちていってしまいました。

どうしたらvoicyを習慣化できるかと考えたときに思いついたのが、**すでに習慣化していることとセットにしよう**ということでした（図8／P98）。

図8｜新しい習慣を今ある習慣に組み込む

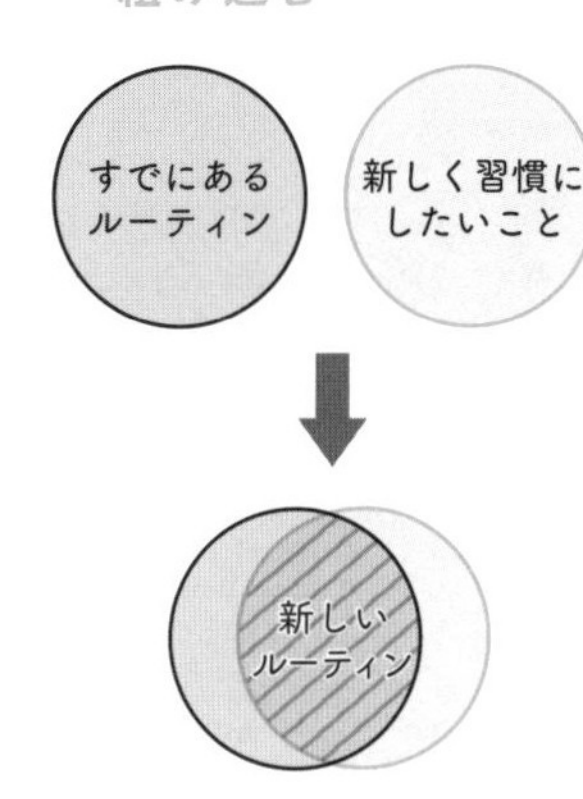

僕は、朝6時にシャワーに入ることが習慣になっていました。そこで、「voicyを録ってからじゃないと朝シャワーを浴びることができない」というルールを作ったのです。すでに続いている習慣の中に取り入れるので、そこまでハードルは高くありません。**「やりたいこと」と、「やるべきこと」を組み合わせるのが続けやすいポイント**。やるべきことがなかなか続かない人にはぜひ取り入れてみてほしいと思います。

PICK UP!

- **すでに身についている習慣と新しく身につけたい習慣をセットにする**

隙間時間を活用する

まとまった時間がとれない、忙しくて時間がないという方は、隙間時間を活用するように意識してみてください。

この隙間時間というのは定義が意外と曖昧で、やることがなく暇だなと思う時間を隙間時間と捉えがちですが、ここでいう隙間時間は**移動時間や待ち時間、休憩時間、トイレ時間**の4つ。この時間を活用してもらうといいでしょう。

たとえば移動時間だったら、音楽を聴いたり漫画を読んだりと娯楽の時間にするのではなく、Kindleで読書をしたりラジオを聴いて情報収集するといったように、有効活用する方法はいくらでもあります。**特に、何かを読むことは面倒でも、聞くことならできるという人は多いもの。**そういった意味でも、ラジオやvoicyはおすすめです。僕が会社員をしていたときは、車で営業まわりをしていたので車内ではずっとvoicyを聞いていました。

どうしても娯楽の誘惑に負けてしまうという人は、**スマホの画面の一番下のドックの部分に隙間時間で活用できるアプリを並べておいてください。**僕も、Kindleやvoicyのアプリは常にドックに入れていて、隙間時間ができたときにサッと開いて新しい情報をインプットしています。

PICK UP!

● **移動や待ち時間などは耳から情報を入れるインプットの時間にする**

小さい規模から始める

はじめに実現困難なルーティンを掲げてしまい、習慣化できないという人も多いです。

筋トレがわかりやすい例かもしれません。たとえば、今まで筋トレをしてこなかった人にとって、「毎日100回腹筋する！」というのはハードルが高すぎます。初日は気合いでなんとか頑張れたとしても、負荷も労力もかかりすぎてすぐに挫折してしまうでしょう。

毎日続けるためには、はじめは1回でも3回でもいいんです。1日1回なら相当ハードルが低くなりますし、「せっかく始めたんだからもうちょっとやってみようかな」という気持ちになってきますよね。1回に慣れてくると、今日は3回やってみようかな、3回だと物足りないから10回に増やしてみようと徐々にやる気が出てきて、続けられていることに自信がついてきます。

多くの人は、**最初にやる気をピークに持っていきがちですが、どちらかというと何かをやり始めたらだんだんやる気が出てきたということのほうが多いのではないでしょうか。**まずはやってみることが大事とよく言われているのは、こういった理由からですね。

僕もかつては、voicyを録る前にあらかじめ話題を決め、起承転結をつけて話ができるよう15分ぐらいの台本を作っていたのですが、そもそも台本を作るまでがすごくハードルが高くて続けることができませんでした。

そこで、話す内容が決まっていなかったとしても、**とにかく収録ボタンを押してみようというスタイルに変えてみました。**聞いてくれる人にとっては台本があったほうが聞きやすいと思いますが、「台本に沿って15分うまく喋ること」より、「とりあえず毎日続けること」を目標にしたのです。すると、voicyを録るまでのハードルが下がったのでやる気が出てきて、だんだん台本がなくても話せるようになっていきました。
　この経験から、小さい規模から始めると習慣化しやすいということに気づきました。物事が続かない人こそ、とりあえず始めてみる、手をつけてみる、やってみることを大事にしてもらいたいですね。

PICK UP!

● いきなり完璧にやろうとせず、できることから始めて続けることを意識する

思いついたらすぐ行動に移す

僕のまわりでめちゃくちゃ仕事ができるなと思う人たちは、総じてみんな連絡が早いです。聞きたいことがあるときや、予定を決めたいときなどに連絡をすると、本当にすぐに返事がきます。

返信していない間は「この人に返信しなければ」と脳のリソースが常に奪われている状態になります。仕事ができる人は、そうなりたくないから、メッセージを見た瞬間にすぐ返事をするんです。自分がボールを持ち続けている状態を少なくし、常に相手にボールを委ねている状態になるように意識しているわけです。

先日、日ごろから仕事ができる人だなと思っている仲のいい先輩と「せっかく日本に生まれたんだから、富士山に登ってみようか」という話になりました。すると、先輩はその場ですぐに日程を決め、実際に交通手段や宿泊先の予約をしてくれたのです。

何かを成し遂げる人たちはこれくらい抜群の行動力があります。

多くの人は「時間があるときにいろいろ調べてから行く日を決めようか」と考えるのですが、何かを成し遂げる人はその逆で、まず日程を決めてから具体的な情報を調べ始めます。先にやらざるを得ない状況を作ってから、具体的に進めていくんです。

なかなか行動に移せない人は、**やりたいことができたらまず日程を決める、予約をとるということを意識して、やらざるを得ない状況を作る**ようにしてください。

今すぐにできない場合は、ＬＩＮＥに自分だけのメモグループを作り、「リマインくん」という予定管理ｂｏｔを追加してください。このツールを活用してリマインダーをかけておけば、あとでやろうとして忘れてしまうこともなくなるはずです。

PICK UP!

- **行動力がない人はすぐに返信するところから始めよう**

抽象的なタスクをTODOリストにバラす

学生時代を思い出すと、テスト勉強しなきゃいけないとは思いつつ、気がついたら部屋の掃除を始めてしまったという経験はないですか？

どうしてこういう行動をとってしまうかというと、テスト勉強という試験の点数が確実に上がるかどうかわからない抽象的な作業よりも、確実に部屋がキレイになっていく部屋の掃除のほうがわかりやすいからです。

同じように、会社でも、本来は全く手をつけていないプレゼン資料の作成を優先しなければいけないのに、今すぐやらなくてもいい交通費の計算を始めてしまったりすることがあると思います。**ベースすらできていないプレゼン資料の作成は抽象的。交通費の計算は特に頭を使わずにできるわかりやすい作業だから、そちらに逃げたくなってしまうんですよね。**

図9｜TO DO リストにバラすと進めやすい

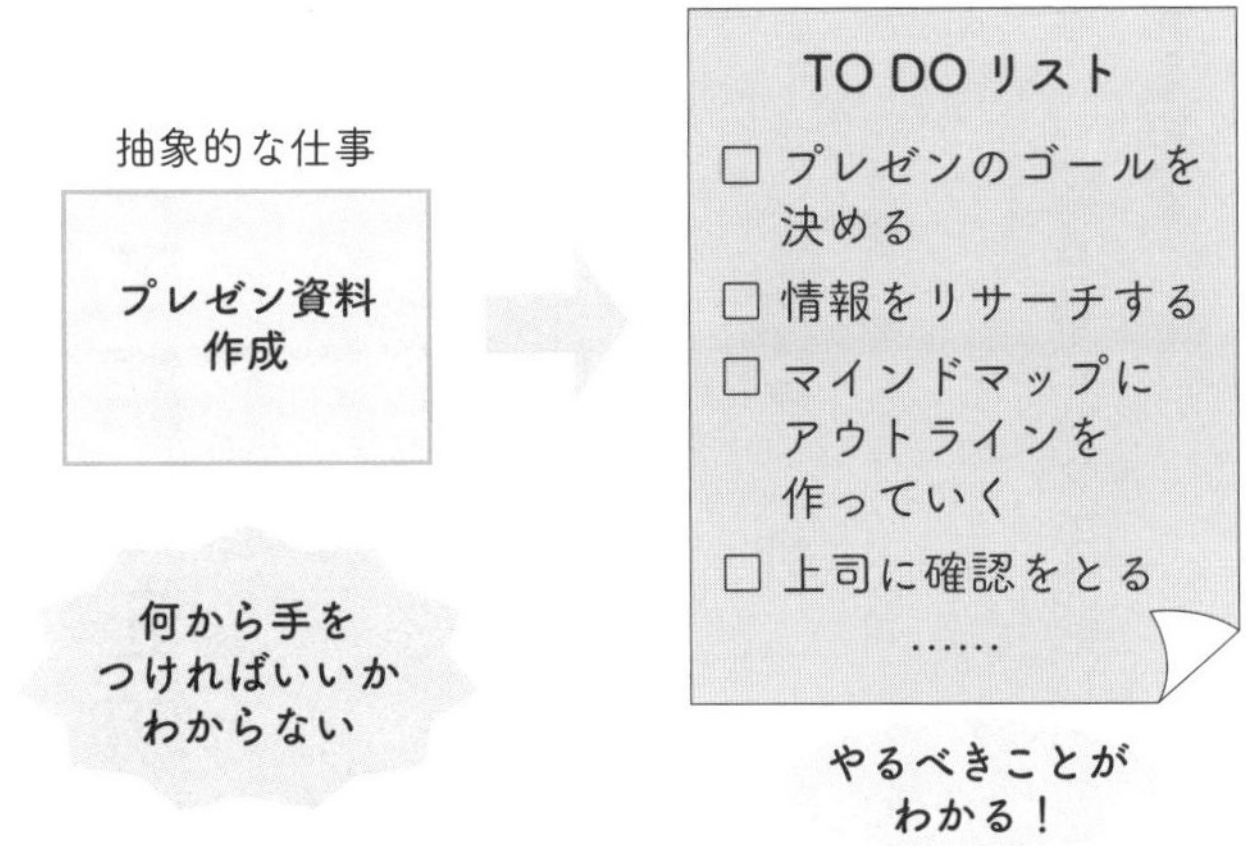

抽象的な仕事

プレゼン資料作成

何から手をつければいいかわからない

TO DO リスト

- □ プレゼンのゴールを決める
- □ 情報をリサーチする
- □ マインドマップにアウトラインを作っていく
- □ 上司に確認をとる

……

やるべきことがわかる！

多くの人がなかなか動き出せないのは、具体的に何から手をつけていいかわからないからというのも理由の一つだと思います。これを解決する方法は、**一つひとつやるべきことを見える化するということです。**

プレゼン資料の作成という抽象的な仕事であれば、ゴールを決める、リサーチをするといったように細かくTO DOリストに分けていきます（図9）。

ひと目で次にやるべきタスクがわかるぐらいの具体的なTO DOリストにバラしてあげれば、あとは一つずつこなしていくだけ。脳が抽象的なことから逃げてしまうこともありません。

完了期限を明確に決める

物事がなかなか実現できない人は、「今月中にはやりたいと思っています」とか、「来週中には提出します」といったように、完了期限を曖昧に設定してしまうパターンが多いです。

たとえば、仕事を頼んだら「本日中に送りますね」と返事があったのに、結局送られてきたのは次の日の朝だった、というパターンって結構あるあるではないでしょうか。こうなってしまうのは、完了期限を明確に定めていないことが原因だと思うんですね。やるべきことがあるなら、今月中とか今週中とか曖昧に期限を設定するのではなく、**「今日の13時まで」といったように明確な完了期限を設けることを意識してください。**

完了期限を明確にするメリットは2つあります。

まず1つは、逆算して物事を進められるということ。たとえば、完了期限を18時まで決めれば、逆算して13時にこのタスクは完了させる、15時までにここまで、といったように計画が立てられます。優先順位ができるので、効率もアップするはずです。

2つ目は、緊張感を持って仕事を進めることができるということ。今日中という曖昧な設定だと、午前中は緊張感を持つことができずギリギリになって焦って進めたけれど結局終わらなかった、ということになりかねません。明確に18時までと決めれば、なんとかこの時間までに間に合わせなければという緊張感が生まれます。

自分が頼まれた仕事を進めるときも、誰かに仕事を振るときも、完了期限は明確に定めることを意識してください。

PICK UP!

- **完了期限は曖昧にせず具体的な時間まで決める**

すぐに使える状態にしておく

「仕事は探す時間が9割」という言葉を聞いたことがあるでしょうか。物事を実行する時間のうち、**実際に行動する時間は約1割で、残りの9割は下準備や情報収集、検討などに費やしている時間**だと言われています。

つまり、ほとんどの時間が探す時間にとられているということなんです。

たとえば、「あの写真を使いたいけどどこにあるんだっけ」とスマホのカメラロールを探しているうちに、他の写真を見てしまったり、SNSを見始めてしまったり、どんどん違う方向に気が向いていってなかなか作業に入れないことってありますよね。

そうならないよう、できるだけ無駄なものを手放して整理し、使いたいと思ったときにパッと取り出せる状態にしておきましょう。

具体的には、デスクトップのファイルの整理や写真フォルダの整理ですね。あのデータどこにあるんだろうと探している間に、どんどん時間が奪われていってしまいますし、集中力もなくなってしまいます。

また、クローゼットの服なども整理しておいたほうがいいと思います。人間は、一日の中で3万5千回もの選択をしていると言われています。夜になるとだんだん頭が働かなくなってくるのも、決断疲れによるものが大きいです。アップルの創業者であるスティーブ・ジョブズ氏が毎日同じ服しか着ないのも、決断疲れを解消するためというのは有名な話ですよね。一見関係なさそうに見えますが、必要なときに高いパフォーマンスを出すためにも、決断する回数をできるだけ減らしておくことは大事なんです。

PICK UP!

常にデータを整理し、探すことに時間をとられないようにする

カフェを活用する

習慣化できない人の多くは、自宅で作業しているパターンが多いようです。自宅はテレビや漫画、雑誌、なんならベッドまでありとあらゆる誘惑があるので、ついだらだらしてしまいますよね。人の目もないので緊張感もありません。

そもそも自宅はリラックスする場所なので、気が緩んでしまうのはしょうがないかなと思います。実際、僕も自宅で作業するのはすごく苦手で、集中して作業したいと思ったときはカフェに行くようにしていました。会社員をやりながら副業をしていたときは、必ず出社の2時間前に近所のミスタードーナツに寄って、投稿のネタをリサーチしたり、家を出る前に撮影した動画を編集したり、自分のやりたいことをしてから会社に行くようにしていたくらいです。

誘惑がないのでやりたいことに集中できるし、会社に着いたときにはすでに頭が仕事モードに切り替わっています。他の人が眠い目をこすりながら仕事を始めるときに、僕は覚醒状態で業務に入ることができていました。

お金がもったいないと思う人もいるかもしれませんが、集中して作業できる時間を買っていると考えれば、カフェ代がもったいないということはありません。

もちろん、自宅で集中して作業できる環境が作れるのならそれに越したことはないですが、どうしてもだらだらしてしまう、ある程度緊張感がないと集中できないという人は、カフェを活用したほうが時間を有効活用できます。

PICK UP!

● リラックスしてしまう自宅よりカフェで短時間集中したほうが効率的

楽しみを用意しておく

「結果が出なくても続けよう！」という強い意志を持った人はあまりいませんよね。でも、何事も最初のうちはほとんどの方が結果を出せないもの。1週間くらいですぐに結果が出るのなら、多くの人が大成功を収めているはずです。

だから、初心者が結果を出せないのは当たり前という前提で、自分が楽しいと思えるような仕組みを作ることが重要です。

たとえば、**この仕事が終わったらコンビニでちょっといいスイーツを買うとか、大きなプロジェクトが終わったら旅行に行くとか、本当に何でもいいです。**

やりたいことが軌道にのるまでは試行錯誤する日々で、やりがいや楽しみを感じられるようになるまでは時間がかかります。だからこそ、小さな段階ごとに自分が頑張り切れる楽しみを作っておくといいですね。

意識するべきことは書き出して貼っておく

「心が変われば行動が変わる、行動が変われば習慣が変わる、習慣が変われば人格が変わる、人格が変われば運命が変わる」。

これはアメリカの哲学者、ウィリアム・ジェームズの言葉だと言われていて、僕の好きな言葉です。「心」とは意識のことだと思っていて、意識が変われば行動が変わるんですよね。その意識を変えるために、目標を紙に書いて常に目に入るところに貼っておくことをおすすめします。

あくまで自分がどれだけ行動するかが重要なので、目標を紙に書く＝100％達成できるというわけではありません。しかし、毎日目にすることで無意識のうちにそれを意識した行動や選択が取れるようになっていきます。

僕もスマホのホーム画面に1年間の目標が表示されるようにしていますが、スマホを開くたびに目に入るので毎日背筋が伸びる思いです。

4章

やりたいことがなければSNS運用から始めてみよう

なぜ僕が副業にSNS運用をおすすめするのか、オンラインサロン生の成功事例とともに紹介します。

副業にSNS運用をすすめる理由

1章でもお伝えしたとおり、いきなり会社員という安定を捨てる必要はありません。ただ、さまざまなスキルを身につけて副業でもしっかり収入を得られるようになっておけば、皆さんの市場価値も高まりますし、会社員と副業の二刀流を続けるのか、独立するのかといった将来の選択肢も増えます。ですから、まずは副業で小さく始めてみましょう。

副業というと、ネット物販やアフィリエイトブログなどが勧められることが多いですが、どれもスキルがない初心者にはハードルが高いです。始めるまでのハードルが高いということは、続けるのも難しいということ。

現時点でやりたいことや好きなこと、**特別なスキルがないという人には、スマホ1台から始められるSNS運用がおすすめです。**数年前まではスマホ1台で副業なんていうと怪しいイメージもありましたが、今はスマホ1台でSNSを開設して副業をする方が多くなっています。

僕が思うSNS運用の魅力は、大きく分けると4つあります。

①始めるまでのハードルが低い

ネット物販だったら、まずは在庫を仕入れるためにある程度まとまったお金が必要になります。本格的な動画編集をするならパソコンが必要ですし、映像編集をする「プレミアプロ」などツール代の月額利用料は数百〜数千円かかります。

一方、InstagramやTikTokなどのショート動画を使ったSNS運用なら、スマホが1台あれば十分。画像編集のアプリは無料なので、初期費用はほとんどかかりません。

また、SNS運用なら準備期間もほぼ必要ありません。ネット物販やアフィリエイトブログなら「WordPress（ブログの作成ができる無料のソフトウェア）」でサイトやブログを構築する必要があり、準備期間がある程度必要です（図10）。

図10｜SNS運用はすぐに始められる

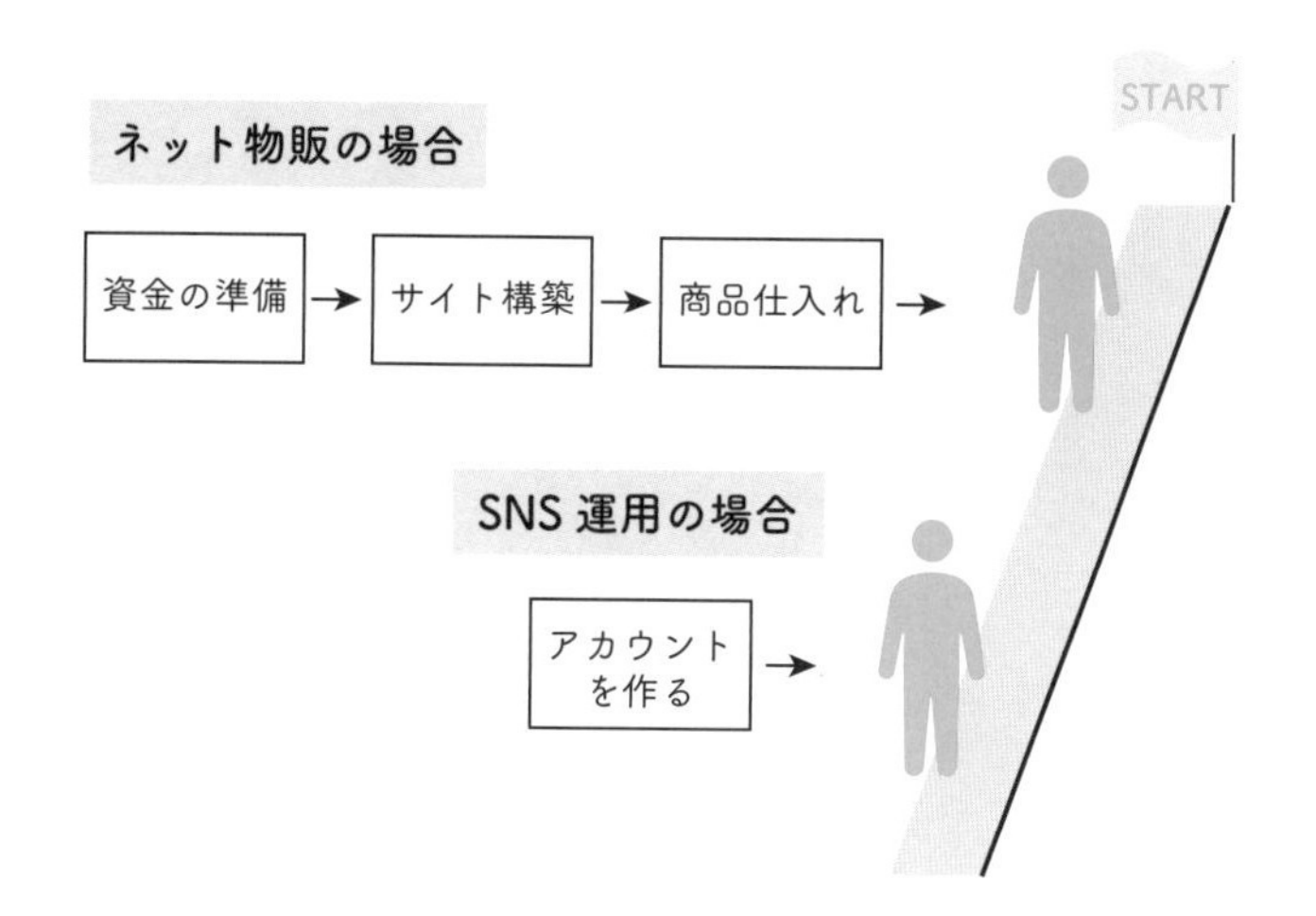

でも、SNS運用なら、特別なスキルを習得する必要がないので今すぐにでも始められます。最近は、YouTubeショートやInstagramのリールなど画像ではなく短い動画で発信するのがトレンドで、ショート動画制作ならそこまで難しくはありません。

ただ、これだけSNSが普及しているにもかかわらず、運用するとなると意外とできる人が少ないというのが現状です。

一時期は、クラウドソーシングに登録し、データ入力やショッピングサイトへの商品登録をするといったような副業が流行りましたよね。でも、単純作業でできる人が多いため、仕事の取り合いになり単価がどんどん下がっていってしまいました。

SNS運用は特別なスキルが必要ないものの、運用した経験がある人はそこまで多くないので、現状では希少価値が高いのです。しかも、世の中的に需要が伸びているからこそ、SNS運用のスキルを身につけておけば自分のアカウントの運用以外に企業のSNSコンサルティングや運用代行もできるようになるので、より市場価値の高い人間になれると思います。

②収益化の方法が複数存在している

SNS運用は収益化しづらいイメージがあるかもしれません。でも、**実はSNS運用は学んでいるうちに汎用的なスキルが身についていくため、収益化のパターンを増やすことが可能です。**

SNS運用の収益化で一番典型的なのはアフィリエイトです。アフィリエイトとは、フォロワーさんに対して商品を紹介するもの。投稿にリンクを貼り、そこから購入してくれた人の数に応じて販売元の企業から紹介料をいただくという仕組みです。企業から商品を提供してもらい、その商品を実際に使ってこんなところがよかった、という投稿をして報酬を受け取るというパターンもあります。いわゆるＰＲ案件ですね。

フォロワー数が伸びてくると、企業が行うイベントの集客や新商品の宣伝の依頼がくることもあります。何万人というフォロワーがいなくても、企業側が「この方はブランドイメージに合うから、宣伝してもらえば高い集客効果が得られそう」などと思えば依頼がくることもあります。

また、フォロワー数が多い発信者なら、自分自身で商品を作って販売するという方法もあります。洋服や化粧品などを作って、ファンの人たちに販売していくというモデルですね。

１章でも触れましたが、僕も過去にメンズ向けのＢＢクリームを作って自分のアカウントで販売したことがあります。美容系アカウントでもない26歳男性の一般人のアカウントでも１０００個以上販売することができたので、ニーズがある分野を狙えばうまくいく可能性は高いです。

また、ショート動画を活用したＳＮＳ運用をするなら、そのスキルを生かして企業のショート動画編集の仕事を受託することもできるでしょう。SNSを運用したいけれど、撮影や編集をできる人がいないという企業はとても多いです。

あとは、企業のSNS運用を代行するということもできます。SNSで自社をPRしたいけれど運用できる人材がいないとか、人手が足りなくてできないという企業は意外と多いので、「SNS運用の代行をしますよ」と声をかけると喜ばれたりするんです。こうした業務委託のパターンなら、自分のアカウントのフォロワーが5万、10万と伸びている必要はなく、SNS運用の知識が身についていれば仕事を獲得できるはずです。

こんなふうに、自分のアカウントを伸ばすという以外にも、収益化する方法はたくさんあります（図11 P124）。**収益化の方法が複数存在していて、失敗のリスクも少ないというのはSNS運用のメリットの一つですね。**

③SNS運用は資産性が高い

「本業以外でちょっとした収入を得られればいい」ということであれば、アルバイト

図11｜SNSの収益化の方法

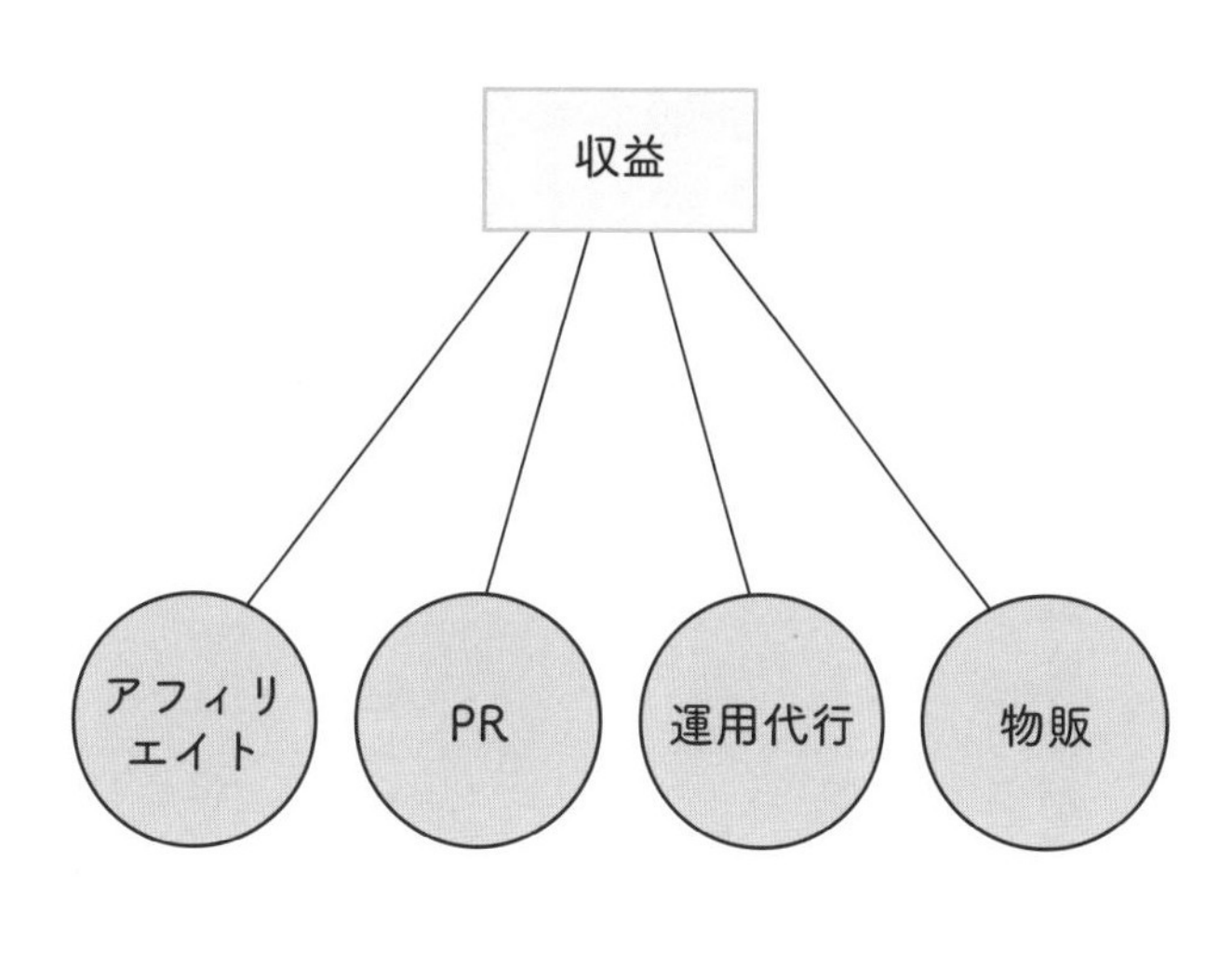

を掛け持ちするとか、クラウドソーシングでデータ入力の仕事に応募してみるとか、方法はいくらでもあると思います。

でも、それはあくまで自分の時間をお金に換えているだけということになりがちです。新しい知識が身につくとかキャリアアップにつながるといった、お金以外のものは往々にしてあまり得られません。

この本をここまで読んでくれた人は、将来に漠然とした不安を抱えている人が多いはず。だからこそ、**自分の時間をお金に換えるだけではなく、将来への投資になることをしながらお金も得る、ということを望んでいるのではないでしょうか。**

図12｜SNS運用のスキルは資産になる

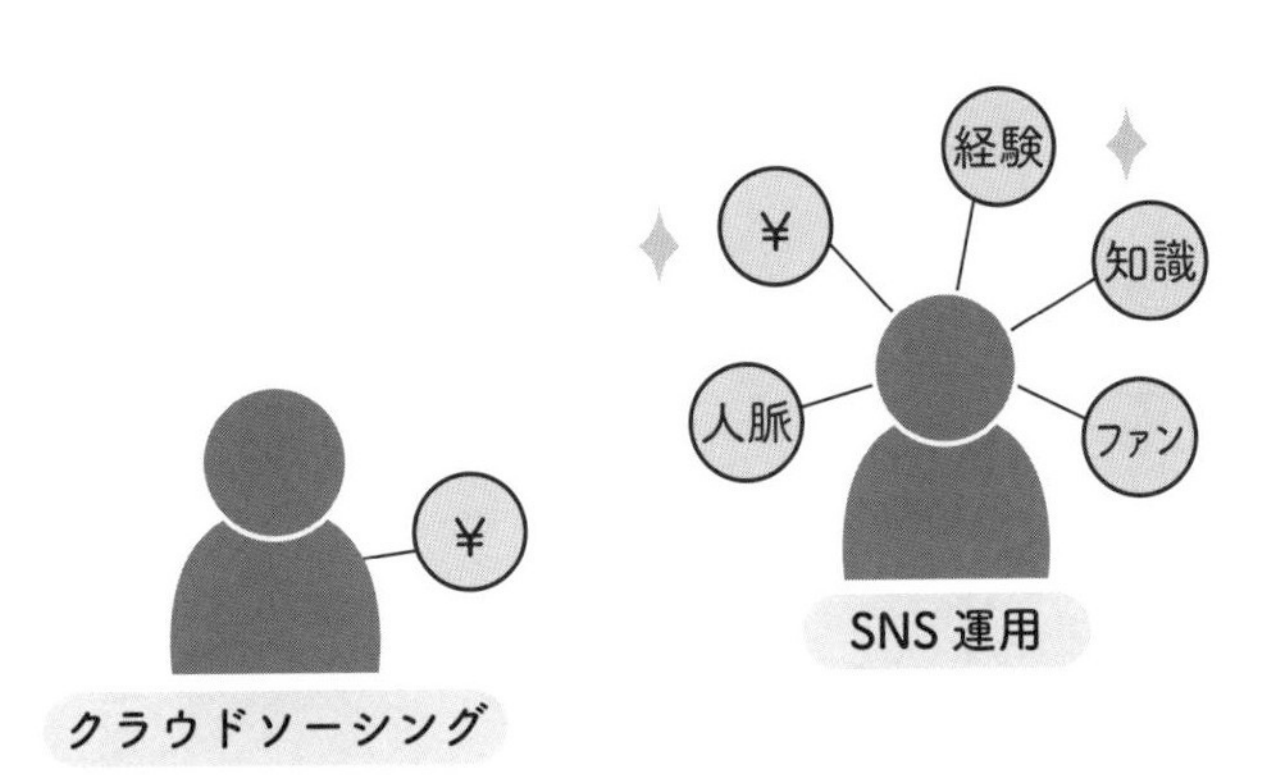

それを叶えることができるのが、SNS運用だと思います。

自分で運用するアカウントは、将来やりたいことが見つかったときに、自分の活動を応援してくれる人を増やす場所として最適です。インフルエンサー同士のつながりもできて、販促活動や物販を行うときの宣伝戦略の一部となります（図12）。

また、本業で「誰かSNS運用ができる社員はいないのか」という話になったときに、SNS運用の知識と経験があれば手を挙げられます。それがきっかけで、広報や商品開発などやってみたかった仕事に関われるようになるかもしれません。

汎用性の高いSNS運用というスキルは、皆さんにとっての資産です。今需要が高まっているスキルで資産を形成することで、自分の市場価値を高められるんです。

④人脈形成がしやすい

皆さんは、「ハロー効果」という認知バイアスをご存知でしょうか。ハロー効果とは、ある対象を評価するとき、その一部の特徴的な印象に引きずられて全体の評価をしてしまう効果のことです。

たとえば、皆さんが面接官だったとして、面接にきた人が清潔感のある見た目だったら優秀そうに見えますよね。一方、シワだらけのスーツに寝癖がついていたら、話す内容に限らずいい人材には見えないと思います。見た目という一部の印象が、その人自身の評価となることがあるわけです。

実はこのハロー効果を生み出しやすいのが、SNS運用なんです。SNS運用の経験があればフォロワーを伸ばすことはそこまで難しいことではないのですが、多くの人には「フォロワー数が多い＝すごい人」という認知バイアスがかかります。僕はこれを錯覚資産と呼んでいます。

何かに挑戦するうえで、人脈は必要不可欠です。何かに挑戦するうえで人脈は自分の挑戦を後押ししてくれる重要な要素であり、錯覚資産を築いておくとそれを優位に進めることができます。

実際、僕が「今年中に家を購入したい！」と発信したら、それを見た友人が不動産に強い方を紹介してくれました。僕のアカウントは暮らしについての発信が中心なので不動産関係の方とは接点がないけれど、「フォロワー数が多い＝すごい人」という錯覚資産が働いたことで、全く別の界隈の方ともつながることができたのです。

PICK UP!

- **SNS運用は、続けていくうちにさまざまなスキルが身につき、それが自分自身の資産になる**

SNSは他のビジネスにも使える知識が身につく

InstagramやLINEなどSNSのプラットフォームはいろいろありますが、一日の中でSNSを1回も開かない日はほとんどないですよね。多くの方がSNSを使ってコミュニケーションをとるのが当たり前の時代になっています。それだけ多くの人が利用しているわけですから、有名な企業でもSNSの運用には力を入れていて、社員をインフルエンサー化させて商品やサービスのプロモーションをしているところもあるくらいです。

聞いた話によると、人材を採用する際、その人のフォロワー数を判断材料にしているという企業も一定数存在しているとか……。フォロワー数が多い人を積極的に採用するという企業もあるのだそうです。それぐらい、企業にとってSNSの活用は必要不可欠なものになっているんですね。

だからこそ、SNSをただの趣味として利用するのではなく、ビジネスとして使えるようにしておくべきだと思います。SNS運用は、画像編集や動画編集のスキルだけでなく、ビジネスシーンで使える知識を体系的に身につける足掛かりにもなります。全ての業務を自分一人で行うので、知識もどんどん増えていきます。

どんなスキルや知識が身につくのか、いくつか例を挙げてみましょう。

①プレゼンスキルが身につく

【SNS運用】
商品紹介をしたい
→まずたくさんの人に目を留めてもらうにはどんなタイトルがいいか、商品の良さを伝えるためにどんなシーンで撮影すればいいのかなどを考えられるようになる
【ビジネスシーン】
上司やクライアントにアイデアを提案したい
→そのアイデアの魅力を伝えるため、どんな順番で伝えればいいか、どんなシーン

を想像させればいいかを考えられるようになる

②交渉力が身につく

【SNS運用】

企業からのPR案件をもらったとき、報酬をフォロワー数×1円からフォロワー数×1・5円、2円と単価を上げるためにはどう交渉するべきかを考え提案できる

【ビジネスシーン】

価格やスケジュールなど、ビジネスシーンには交渉がつきもの。意見を伝えつつ、どうしたらお互いが納得できるかを考えられるようになる

③世の中の新しい情報が入ってくる

【SNS運用】

SNSを運用している人は新しい情報に敏感で人脈も豊富。相互フォローしているだけで新しいツールの使いこなし方を教えてもらえたり、異業種の人と最新の情報

交換ができる

【ビジネスシーン】

便利なツールを取り入れて業務を効率化したり、異業種の人から得た知識や情報を提案できるようになる

僕自身、SNS運用を学んでいたことが本業で役立ったことがありました。

まだ北海道で会社員として働いていたときのことです。僕が働いていたのはインフラ系の会社ということもあり、最新のシステムとかSNS運用などを取り入れているタイプの業界ではありませんでした。

当時僕は、新規の顧客を獲得するために、どのお宅にどの会社のガスメーターがついているのかを調べる仕事を担当していました。そのやり方がとてもアナログで、紙に住所と誰の家にどこのガスメーターがついていたかをメモするんです。で、それを会社に帰ってパソコンで手入力する。すごく非効率なやり方です。

そのとき、僕はすでにSNS運用を始めていて、Googleフォームを使ってフ

ォロワーさんからの意見を集めたりしていました。これを使えば、誰の家にどこのガスメーターがついていたかその場で入力できるので、手書きでメモしたものをさらにパソコンに手入力するという二度手間が防げますし、データも見やすくなると思って部長に提案してみたんです。

年配の方々は新しいシステムを覚えるのが苦手だと思ったので、誰が読んでもわかるようなマニュアルも作りました。すると、今まで1カ月かかっていた業務が1週間で終わるようになったのです。この業務の効率化が社内で評価されて、僕は年間で1人しか受けることのできない賞を受賞することができました。

副業でSNS運用をしていなかったら、Googleフォームを活用して業務が効率化できるなんて思わず、会社でみんながやっているとおり手書きでメモをし続けていたかもしれません。でも、SNSを運用することで便利なツールなどの情報が自然と入ってきていたから、本業にも生かすことができたのです。

SNSというとただ情報を発信するものと思われがちですが、運用するということは世の中にどんな需要があるかリサーチしてコンテンツを制作したり、データを収集したり、フォロワーさんとコミュニケーションをとったりと、やることは多岐にわたります。

これらは全てビジネスでも必要なスキルです。SNS担当でなくても、マーケティングや分析、クライアントとのコミュニケーションなど、さまざまな仕事につながるはず。本業にも副業にも生かせるのですから、学んでおいて損はありません。

PICK UP!

● SNS運用でビジネスシーンでも生かせるスキルが身につき、引き出しが増える

最初は好きなことで勝負しなくていい

SNS運用を始めるとなったら、まずはどんな内容を発信するか決めます。プライベートの趣味アカウントなら、自分の好きなことや得意なことを発信するでしょう。それも選択肢の一つですが、ビジネスとして捉えるなら必ずしも好きなことをテーマにする必要はありません。

今、自分がどんなアカウントをフォローしているかを考えてみてください。最も典型的なのは、見た目や人柄に魅力を感じて発信者のファンになるパターンだと思います。この人面白いなとか、見ていて楽しいなと思う方々をフォローしますよね。

でも、それだけではないはずです。顔出ししていなくて人柄も知らないけれど、すごくためになる情報を発信しているとか、勉強になる、悩みを解決してくれると思うアカウントをフォローしたこともあるのではないでしょうか。

図13｜SNS発信のパターンは2つある

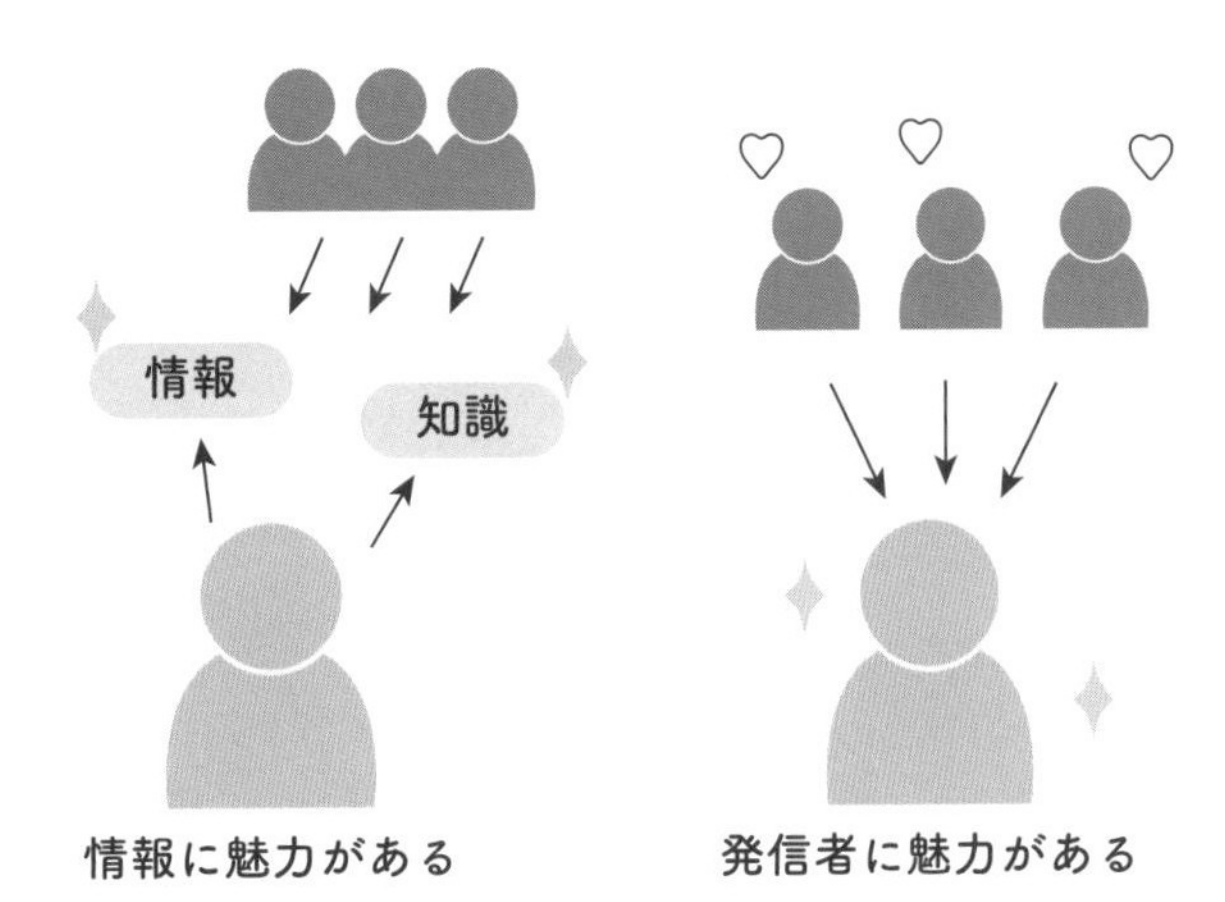

つまり、**SNSは発信者自身の魅力でフォローされるパターンも当然あるけれど、世の中に必要としている人の数が多い有益な情報を発信していることがフォローのきっかけになることも大いにあるわけです。**

好きなことや得意なことがなくても、魅力的な情報が発信できればフォロワー数は自然と伸びていくんですよね（図13）。

これは僕が身をもって実感していることで、今は掃除術や収納術といった暮らし系の発信をしているのですが、元々僕は掃除も収納も大の苦手でした。実家にいたときは超がつくほどの汚部屋に住んでいたので、今掃除術や収納術を発信していると言うと親からはすごく驚かれます。

じゃあなぜ僕がこの分野で発信することを選んだかというと、自分が苦手だからこそ同じような人の気持ちがわかると思ったし、発信することでその苦手をできるだけ克服したいと思ったからです。

一人暮らしを始めたときは、掃除の仕方も収納方法も、インテリアをどうコーディネートするとおしゃれになるのかも全くわからなかったので、一つひとつネットで調べていました。でも、欲しい情報がありすぎて、もっと体系的にまとまっていたらいいのにと思っていたのです。

掃除や収納は暮らしに欠かせないもの。でも、実は知っておくべきコツやルールが多いので、それを知らないがために非効率になっていることも少なくありません。面倒だと思うとさらに苦手になります。

同じように悩んでいる人が世の中にたくさんいるんじゃないかと思ったので、これをテーマにしてニーズを満たせるアカウントにしようと考えました。僕自身が苦手だからこそ、頑張らなくてもできる掃除方法や収納術を伝えられるはず。そう思って発信を続けていたらフォロワー数がどんどん伸びて今では30万人になりました。

もし、SNS運用をやってみたいけれど好きなことがなくて何を発信したらいいのかわからないという人は、苦手なことや今悩んでいることは何か考えてみてください。**同じような悩みを持っている人に向けて、自分はこうやるとラクだったよ、こういうふうに克服したよ、ということを発信するのも選択肢の一つです。**

ただし、世の中にニーズがあるかどうかということを忘れてはいけません。幅広い層に当てはまる分野で、かつ同じ悩みを持っている人が多そうなことを選ぶことが重要です。そうやってSNS運用を学んでいき、好きなことややりたいことが見つかったら方向転換するなり、アカウントを増やすなりしていけばいいでしょう。

PICK UP!

● **好きなことがないのなら、苦手なことをテーマにして世の中のニーズを満たすのも手**

オンラインサロン生の成功事例

僕は今、「ショート動画大学」というショート動画特化型のオンラインサロンを運営し、ＳＮＳの可能性を伝えています。累計会員数は３０００名を突破し、多くの方がＳＮＳ運用で人生を変えています。

ここでは、ＳＮＳ運用を学んだことでどんなふうに人生が変わったのか、４人のサロン生の実例を紹介していきます。

僕のオンラインサロンで頑張ってくれたサロン生は、このように次々と結果を出し、「ＳＮＳ運用で人生が変わった」と言ってくれています。

収益化でき副業として成り立つようになったという喜びはもちろん、気持ちが豊かになったり、今度は誰かのためになることをしたいと思ってくれているのがうれしいですね。

＼サロン生のケーススタディ／

安西さん

CASE 1

美容師からSNS講師へ

元々は、経営する美容室の集客のためにSNS運用を始めた方で、僕のオンラインサロンで一生懸命ショート動画やコンテンツの作り方を学んでくれました。現在はInstagramで3万人超までフォロワー数を伸ばし、自分の店舗にもたくさんのお客さんを集めることができるようになったそうです。

今では、「もっと多くの人にSNSを活用して集客ができるようになってほしい」と、店舗集客のためのSNSの使い方を教えていらっしゃいます。

SNS運用を始める前
美容師がメインだった頃は、集客方法がわからず顧客の獲得に苦戦。休みなくフルタイムで何名ものお客さんの髪の毛を切り続けていて、体力的にもかなりしんどい毎日だった

→

SNS運用を始めて変わった！

SNSを活用することで、集客に悩むことがなくなった。店舗集客のSNSの使い方を教えることが本業になった今は、休みも自由にとることができ体力的にも余裕ができた

しょうさん

CASE 2

サラリーマンと発信者の二刀流

本業以外で何かスキルを身につけたいとオンラインサロンに入ってくれた方で、サラリーマンとして働きながらInstagramでお金の知識が学べるアカウントを運用されています。

元々お金に関する勉強をしていて、世の中にはお金について学びたいけれどよくわからないという人が多いんじゃないかと思っていたそうです。そこでお金をテーマにSNS運用を始めたところ、すぐに軌道にのせることができました。

SNS運用を始める前
サラリーマンとして安定した生活はあったものの、どこでも通用するスキルも身につけたかった

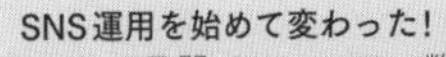

SNS運用を始めて変わった！
たった10日間でフォロワー数が1.5万人に。現在はサラリーマンとSNS運用の二足のわらじで活躍中

CASE 3

主婦からインフルエンサーに

ゆうひさん

2児のママさんで、僕が出会った頃は趣味アカウントとして自宅のおしゃれな場所やお気に入りのインテリアを投稿していました。ただ、特に収益化ができるわけでもなく「この趣味アカウントをこのまま続けてもいいのか」と相談してくれました。そこで、もっとゆうひさん自身を出していくアカウントにしていったらどうかというアドバイスをしたところ、今はInstagramで可愛いママになる方法を発信しながら順調にフォロワー数を伸ばしています。

SNS運用を始める前
趣味のアカウントは運用していたものの、フォロワーが伸びず収益化もできていなかったので、このまま続けることに意味はあるのかと不安に

→

SNS運用を始めて変わった!
可愛いママになるための情報を発信。フォロワー数が1年間で10万人ぐらいまで伸び、収益化もできるように。2児のママとSNS運用による副業を両立させた

CASE 4

OLからSNS運用講師へ

ユンアズさん

30代まで大手の会社に勤めてバリバリ仕事をされていた方です。しかし、本業が忙しくなるとともに「自分が本当にやりたいことって何なんだろう」という気持ちが湧き、フリーランスになる道を選んだそうです。はじめは個人でSNSの運用代行などをされていたのですが、もっとスキルアップしたいということでオンラインサロンに入ってくれて、現在では同じようにフリーランスとして生きていきたい方のためにInstagramで情報発信をしています。

SNS運用を始める前
大手企業で働くバリキャリだったが、慌ただしい毎日の中で自分を見失いがちに

→

SNS運用を始めて変わった!
SNS運用代行をしながら自身のアカウントも1.7万人までフォロワー数を伸ばすことに成功。現在は自分自身の講座を持ち、自分がフリーランスになるために知りたかった情報を世の中の女性に届ける活動をしている

5章

SNS運用の始め方

実際にアカウントを作り運用していくにあたって、重要なポイントをお伝えします。

初心者に知っておいてほしいSNS用語

実際にSNSを運用していくにあたって、知っておくべき用語がいくつかあるので最初にご紹介します。認知度の低い用語も多く、わからないままだと意味が理解できないこともあるので確認しておいてください。

SNS用語	意味
フィード/タイムライン	Instagramを開くとはじめに表示される投稿一覧のこと
エンゲージメント	いいねや保存、コメント、DMなどユーザーが起こすアクションのこと
キャプション	写真につける文章。+αの情報を記載することができる
アルゴリズム	ユーザーとの親密度や興味、関心によって、ニュースフィードやタイムラインなどの表示順序が変わる仕組み
アーカイブ	Instagramでストーリーズや投稿を非表示にすることができる機能
インサイト	Instagramが無料で提供している分析ツールのこと。コメント数やいいね数、視聴維持率、視聴完了率などが一つの投稿でどれだけとれているのかなどがわかる
リーチ	発信した情報がユーザーへ到達した数値を示すもの。自分のアカウントや投稿を見てくれた人の数のことをリーチ数という
インプレッション	投稿やアカウントがユーザーに表示された回数のこと。リーチ数と違い、同じユーザーが2回見た場合のインプレッションは2となる
発見タブ	ユーザーの興味関心に基づいておすすめの投稿が表示される検索窓のこと。Instagramでは下の虫眼鏡のマークが発見タブにあたる
ハイライト	Instagramで、本来は24時間で消滅する「ストーリーズ」をプロフィールページに残せる機能。テーマに合わせてまとめることができる
保存	ユーザーが気に入った投稿を再度閲覧できるようにまとめておくための機能。保存数が多ければ発見タブなどでレコメンドされやすくなる
メンション	特定の「@ユーザー名」を含む投稿のこと。相手に通知されるため、コメント返信する際やタグ付けとして利用することが多い
リポスト	自分の投稿が他のアカウントで再投稿されること

SNS運用を始める前に知っておくべきこと

実際にSNS運用を始めるとなったら、どのSNSを選べばいいのか迷いますよね。主流は、「X」「YouTube」「Instagram」「TikTok」の4つです。まずはそれぞれの特徴をつかんでおきましょう。

①X（旧Twitter）

- テキストがメインの媒体
- リポスト機能があって比較的拡散に強い
- 投稿するハードルが低いので始めやすい一方、発信者が増え競合が多い
- フォロワー数を伸ばすためには高いライティングスキルが求められる
- テキストで面白い伝え方ができるかがフォロワー数を伸ばすカギになる

・情報発信が簡単で拡散機能があるため伝達は早いが、間違った情報がどんどん拡散されていってしまうおそれもある

②YouTube

・映像がメインの媒体
・動画の撮影・編集が必要で投稿のハードルが最も高い
・競合が多く、YouTubeのアルゴリズムとして関連、おすすめユーザーという露出の仕方しかないため拡散力が低い
・チャンネル登録者数を伸ばすためには他のSNSと掛け算をする必要がある
・有益なコンテンツを定期的に提供できればファンになってもらいやすい
・長い動画の中で商品の特徴を詳しく説明できるので比較的商品を売りやすい

③Instagram

・フィード投稿（画像）とリール投稿（動画）の両方に対応している媒体

- ストーリーズという独自の文化を形成。フォロワーとのカジュアルなコミュニケーションを図ることができ関係性を深めたり、フォロワーがファン化しやすい
- ストーリーズはリンクを張って商品のサイトに直接飛ばすこともできるので比較的商品が売りやすい
- リールが導入されたことでInstagramの唯一の弱点だった拡散力の弱さが解消され、フォロワー数を伸ばすことも難しくなくなってきた

④TikTok

- ショート動画が主体のSNS媒体で最も拡散力が強い
- 独自のアルゴリズムを形成していて、動画のクオリティが高ければ1本目で100万回再生も可能
- 目的を持たずに流し見しているユーザーが多くファン化につながりにくい
- フォロワー数は多いのに、商品を買ってくれるなど行動に移してくれる人は少ない、といったように影響力が低いのが懸念点

この4つの中で、僕が最もおすすめしたいのがＩｎｓｔａｇｒａｍです。**Ｉｎｓｔａｇｒａｍは投稿のハードルが低いのでＳＮＳ初心者でも始めやすく、なおかつ資産性が高いのがポイントです。**資産性についてはのちほど詳しく説明しますが、とにかく初心者の方はまずＩｎｓｔａｇｒａｍから始めるといいでしょう。

また、Ｉｎｓｔａｇｒａｍで作ったショート動画はＴｉｋＴｏｋやＹｏｕＴｕｂｅショートに横展開することができます。Ｉｎｓｔａｇｒａｍで1本動画を作り、それを他のＳＮＳに載せてフォロワー数を複合的に伸ばしていくというやり方が効率的だと思います。

PICK UP!

- **ＳＮＳ運用はハードルが低く資産性の高いＩｎｓｔａｇｒａｍから始めるのがおすすめ**

「フォロワー数は多いほどいい」わけじゃない

SNSというのは、フォロワー数が多ければ多いほどすごいと思っている人が多いのですが、僕は大きな間違いだと考えています。

なぜかというと、フォロワー数を伸ばすノウハウはある程度出回っています。オンラインサロンなどに入らなくても無料で手に入れられる情報になっているので、初心者でもフォロワー1万人を達成すること自体がそこまで難しくなくなっているんです。

そのノウハウが市場に出回っていなかった頃は1万人いるだけで優位性を出すことができたのですが、今では発信者の数が増え、フォロワーが1万人以上いることも珍しくなくなったため、フォロワー数で差別化を図ることが難しくなっています。

では今は何が大事かというと、フォロワー数ではなく**発信者が何かを呼びかけたときにどれぐらいの人たちが行動を起こしてくれるのかという「影響力」です。**

図14｜フォロワー数より影響力が大事

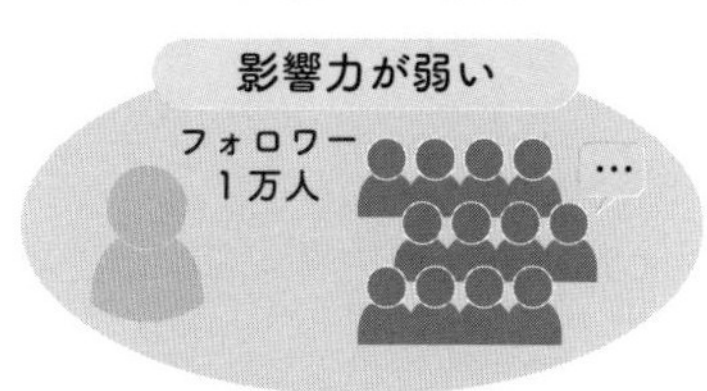

フォロワー数は1万人いるけれど、何かを呼びかけたときに10人しか行動してくれないアカウントより、フォロワー数は1000人だけど何かを呼びかけたときに100人行動してくれるアカウントのほうが影響力は強いわけです（図14）。

フォロワー数の多さだけにとらわれず、行動してくれる人をどれだけ増やせるかという、本質的な影響力を身につけることが大切ということを念頭に置いておくといいでしょう。

PICK UP!

● フォロワーは数より質。影響力が高いアカウントを目指すべき

SNS運用を成功させるための5つのステップ

SNS運用を始めるにあたって、実際にどういうふうに進めていけばいいかわからないという人も多いと思うので、具体的な6つのステップをご紹介します。このステップに沿っていけば、大きな問題もなくSNS運用が進められるはず。ぜひ参考にしてください。

STEP1 ジャンルを選ぶ

皆さんがこれから運用するSNSは、情報発信というスタイルになります。**有益な情報や、誰かの悩みを解決できる提案などを発信して価値提供を行うことで、世の中に必要としてもらうことができる。**これが情報発信という運用スタイルになります。

ここで重要なのは、誰の、どんな悩みを解決するかということです。ここさえ明確に決めておけば、ＳＮＳ運用でフォロワー数を伸ばし、影響力を高めるのはそこまで難しいことではありません。

運用していくなかでやりたいことが見つかって、誰のどんな悩みを解決するのかを見失ってしまった結果、自分本位な発信をしてフォロワーが減ってしまう、伸び悩んでしまうという事例はかなり多いです。誰の、どんな悩みを解決するかということはＳＮＳ運用においてとても重要で根幹となる考え方になるので必ず頭に入れておいてください。

これをふまえたうえで、どのジャンルを選択するかを考えていきましょう。選び方は、大きく2つに分けられます。

マネタイズ（収益化）を目的としたジャンル選び

ＳＮＳでマネタイズするためには、アフィリエイトや高単価のＰＲ案件が必要不可欠になってきます。マネタイズ（収益化）しやすいのはどんなジャンルなのかを知っておかないと、収益目的で始めたはいいものの、アフィリエイトの商品が全くなく、フォロワーが増えたのにマネタイズできないということになりかねません。**マネタイズしやすいと言われているジャンルは、金融系、美容系、ダイエット系、転職系、恋愛系、不動産系の6つです。**

この6つは悩みが深く、大きなお金が動きやすいジャンル。アフィリエイトで商品を紹介したときも、悩みが深いので購入してくれる人が多い傾向にあります。そもそも紹介する商品の単価も高いので、マネタイズが一番の目的だという人はこれらのジャンルから選んで発信するといいでしょう。

影響力を目的としたジャンル選び

フォロワー数が伸ばしやすく、影響力がつきやすいのは、暮らし系、レシピ系、ガジェット系です。

これらは、情報を求めている人の数が圧倒的に多いジャンルです。掃除や収納、インテリアなど暮らしに関することは当てはまる人の母数が多いですし、レシピ系も性別や年齢を問わず多くの人に求められる領域ですよね。また、スマホやスマート家電、便利アイテムなどガジェットが好きな方々も多いので、フォロワー数自体は伸ばしやすいです。ただ、これらのジャンルはアフィリエイトやPR案件が意外と商材として少ない傾向にあるので、マネタイズしにくいことは知っておいてください。この本では、マネタイズが一番の目的ではなく将来のリスクヘッジを考えたSNS運用についてご紹介していきます。

まず、自分自身がどんな目的を持ってSNS運用をしていきたいのかを考え、発信するジャンルを決めていきましょう。

STEP2 アルゴリズムを知る

アルゴリズムとは、直訳すると「算法」や「問題を解決するための手段」という意味ですが、SNSにおいては「ユーザーの行動データに基づいて、どのようにコンテンツを配信するか決定するルール」という意味になります。

SNSは大きな川、アルゴリズムは川の流れであるとイメージするとわかりやすいかと思います。**アルゴリズムを理解しないまま発信を続けてしまうと、いつの間に**

図15｜Instagramのアルゴリズム

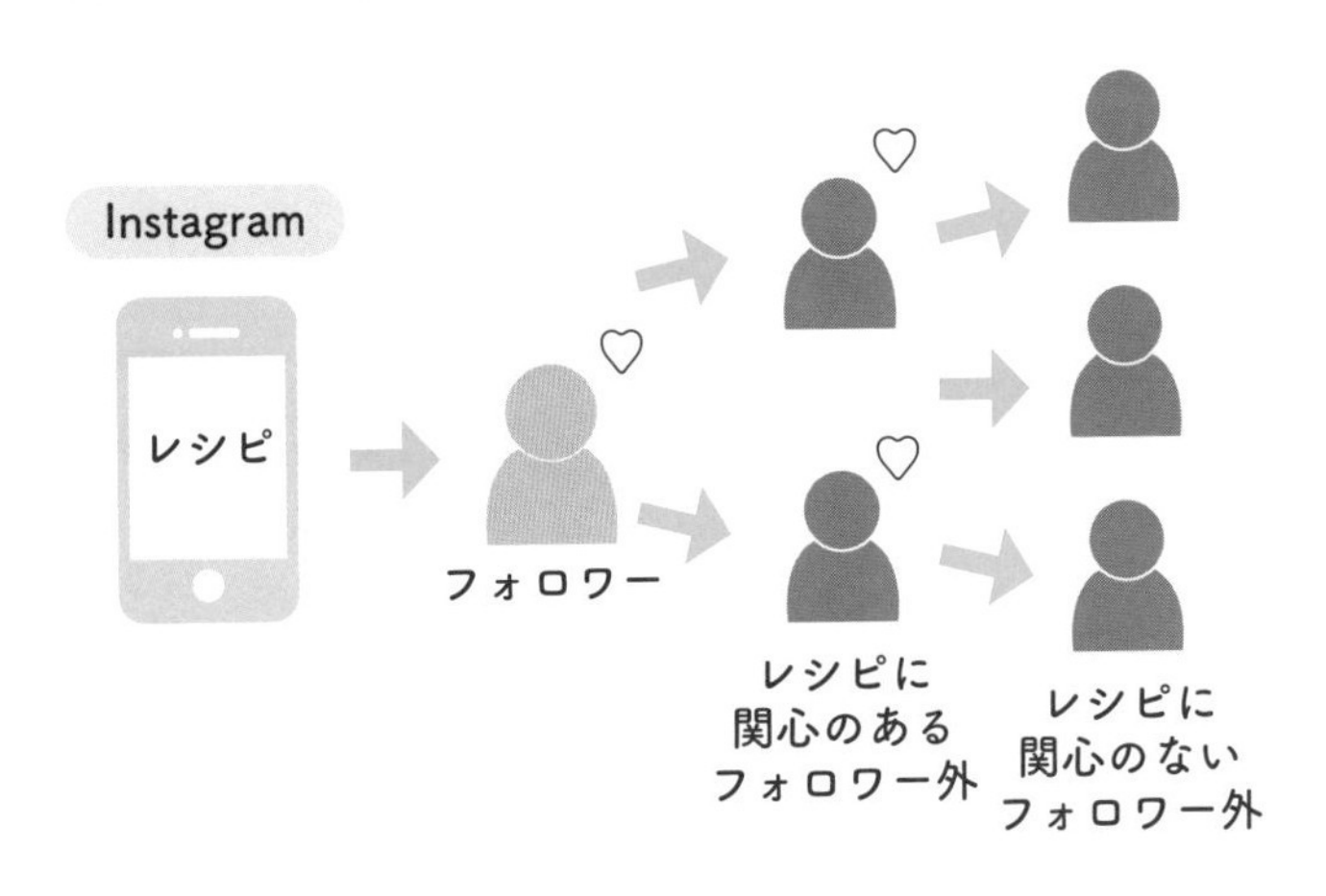

か川の流れに逆らって泳いでいて、「投稿をバズらせる（多くの人から注目を浴びる）」というゴールを自ら遠ざけてしまうおそれがあります。 バズるためには、アルゴリズムを理解するのは必要不可欠と言っても過言ではないのです。

アルゴリズムはSNSの種類によって異なり、Instagramのアルゴリズムはリーチがフォロワーから始まるのが特徴です（図15）。

新規投稿は、まずフォロワーにリーチされます。そして、保存数やいいね数、コメント数、視聴維持率、視聴完了率といったインサイトの数値が高ければ、フォロワー外の関連

図16｜TikTokのアルゴリズム

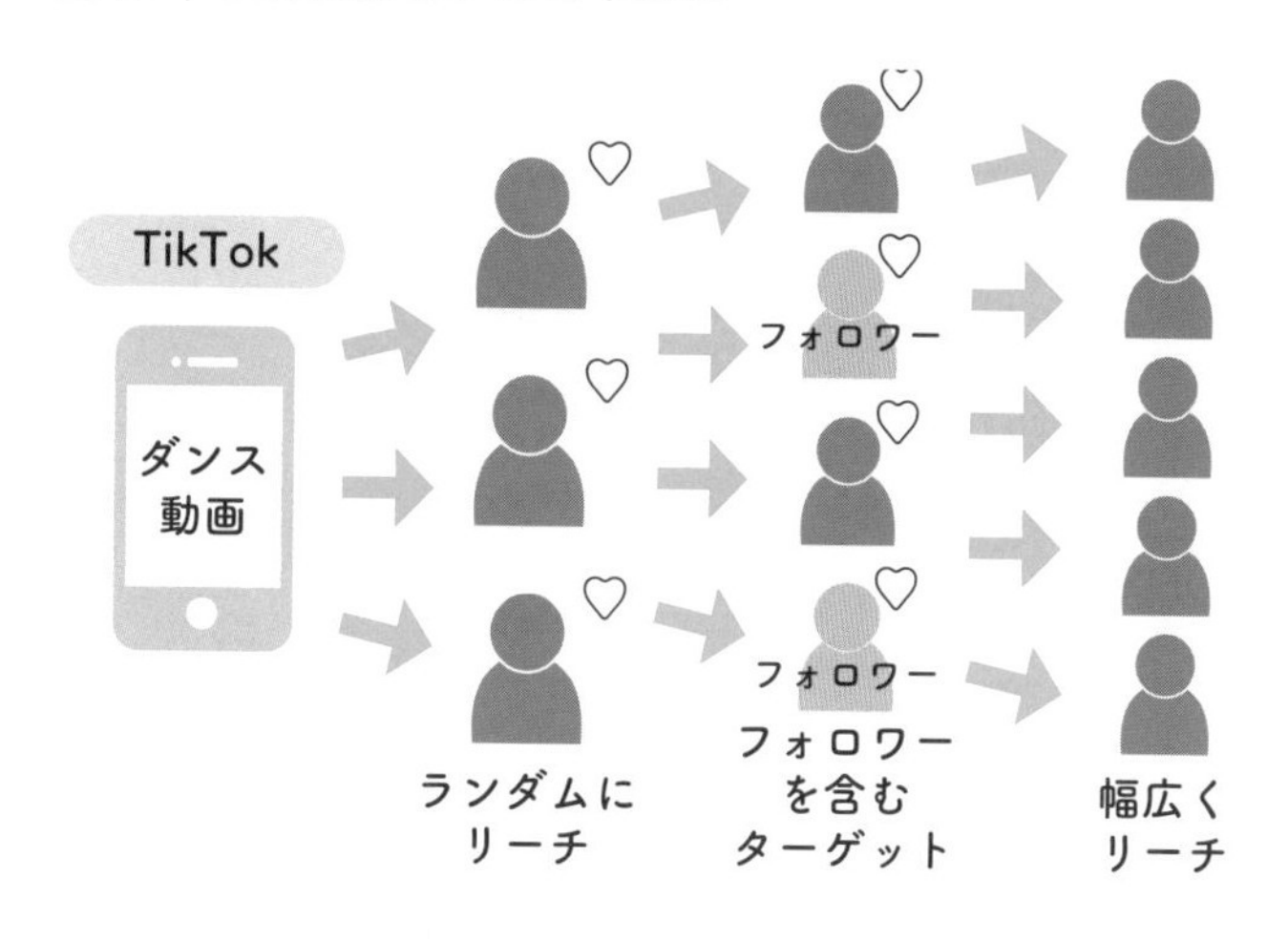

性がある人たちに露出されます。さらにフォロワー外の人たちがいい反応をしてくれれば、関連性のない方々にも露出されていくという仕組みです。

Ｉｎｓｔａｇｒａｍのアルゴリズムを理解するために、比較としてＴｉｋＴｏｋのアルゴリズムの説明もしておきましょう。

ＴｉｋＴｏｋの場合、動画を投稿するとまずはランダムに生成された３００人ほどのユーザーにリーチされます。その反応を見て、フォロワーを含む次のターゲットにリーチされていき、そこでもいいね数や保存数、コメント数などのインプレッションが高くなれば、より多くの方々にリーチされていきます（図16）。

TikTokでフォロワー数が少ないのに100万回再生されているようなアカウントがあるのは、こうしたアルゴリズムの違いがあるからなのです。

先ほど「フォロワー数は多いほどいいというわけではない」とお伝えしましたが、その理由はInstagramのアルゴリズムを知るとより理解できると思います。**いくらフォロワー数が多くても、流し見ではなく「いいね」したり、保存したり、最後まで動画を見たりしてくれないとフォロワー外にリーチされていかない**のです。

次に、どんな投稿がInstagramにおいていい投稿とされるのかを理解するために、アルゴリズムを構成する要素の8つの指標について解説します。

まず、長い時間投稿を見てもらうことができたかということの基準として、「視聴維持率」、「視聴完了率」、「動画リピート率」というものがあります。

「いいね数」や「保存数」は、後から見返したくなるかどうかの基準です。共感してもらえる投稿かどうかの基準になるのは「コメント数」や「シェア数」。そして、クリエイターへの興味があるかどうかの基準として「プロフ遷移率」があります。

いい投稿かどうかというのはこの8つの指標から評価され、この8つの指標が高ければたくさんの人たちにリーチされるし、悪ければ全然バズらないということになります。この数字を伸ばすことが、フォロワーを増やし、動画をバズらせていくうえで重要だということを頭に入れておいてください。

STEP3 プロフィールを作成する

ジャンルが決まり、実際にアカウント作成するところまで進んだら、次の課題はプロフィールの書き方です。

プロフィールの自己紹介文は自分のアカウントに興味を持ってくれた人が必ず目を通す場所。フォローに直結しやすいので、こだわりを持ちつつわかりやすく作りましょう。**実は、訪れたユーザーの約70%は即離脱すると言われています。だからこそ、プロフィールでも価値提供をし、フォロー率を高める必要があるのです。**

ここでは、僕の実際のアカウントのプロフィール文を例に挙げながら、プロフィールの書き方について解説していきます。

＼ひよのプロフィール欄／

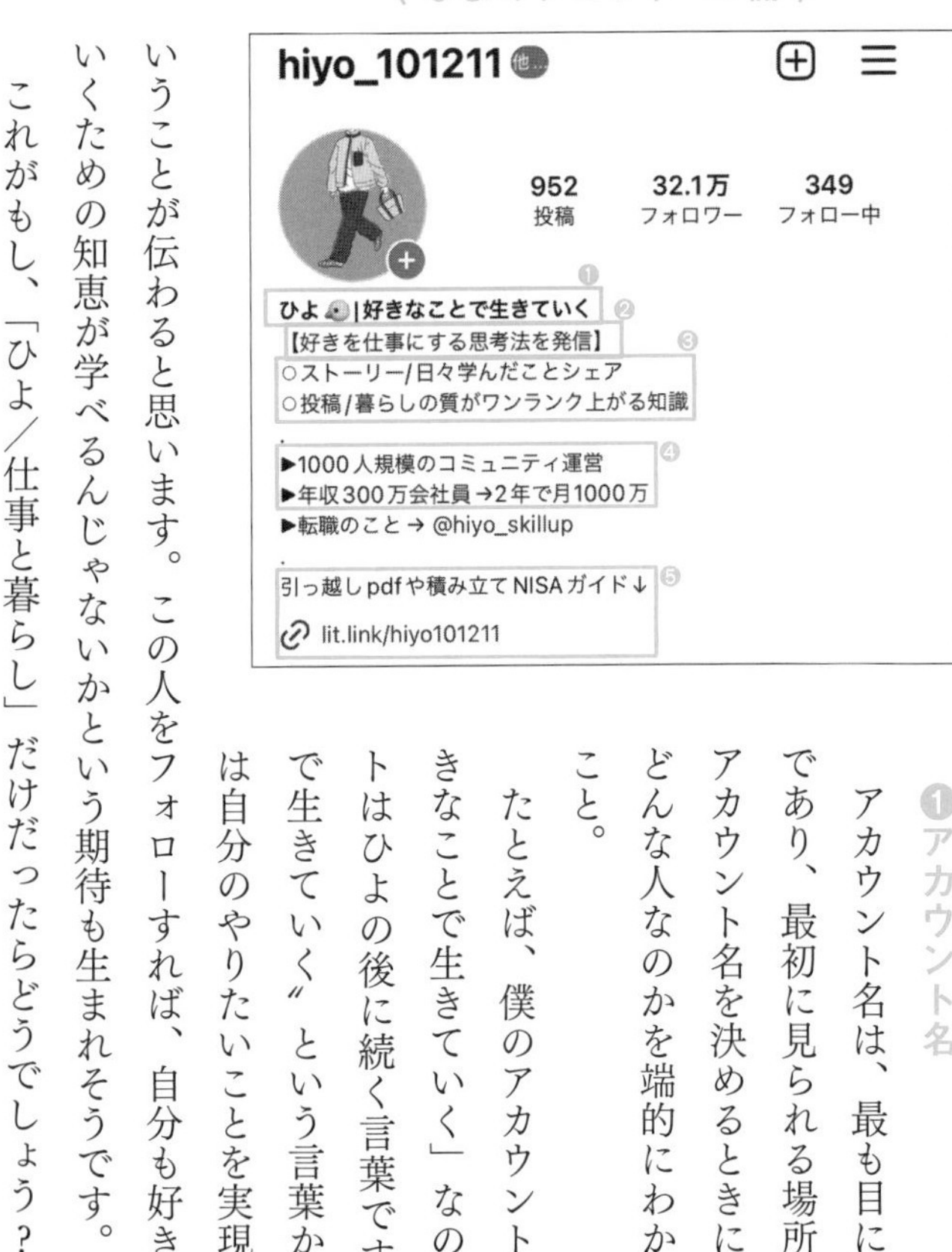

❶アカウント名

アカウント名は、最も目に入る大事な場所であり、最初に見られる場所でもあります。アカウント名を決めるときに意識するのは、どんな人なのかを端的にわかりやすく伝えること。

たとえば、僕のアカウント名は「ひよ／好きなことで生きていく」なのですが、ポイントはひよの後に続く言葉です。〝好きなことで生きていく〟という言葉から、この発信者は自分のやりたいことを実現している人だということが伝わると思います。この人をフォローすれば、自分も好きなことで生きていくための知恵が学べるんじゃないかという期待も生まれそうです。

これがもし、「ひよ／仕事と暮らし」だけだったらどうでしょう？　仕事と暮らしについて発信しているということは伝わりますが、この人がどんなことを大事にして、どんなポジションで発信しているのかは不明瞭です。

もし、美容系の発信者だった場合、「〇〇／スキンケアオタク」より、「〇〇／アラサーツヤ肌作り」のほうが、その人が発信している情報の具体性やポジションがひと目で伝わりますよね。すると、アラサーで肌を気にしている人はフォローしたいと思うわけです。

このように、**アカウント名には自分の名前＋自分の大事にしていることやポジションを具体的に書くことが重要です。**

❷紹介文1

紹介文の冒頭にくる②で重要なのは、提供する価値をひと言で表現すること。自分をフォローすればどんなメリットがあるかということですね。

僕の場合は、【】で囲んで目立たせながら、【好きを仕事にする思考法を発信】と書いています。「好きなことで生きていきたい」と思っている僕が、どんなことを発信しているかがわかるようになっていますよね。「この人をフォローすることで、私も好きなことで生きていけるかもしれない」という期待が膨らみ、僕のアカウントをフォローする必要性を作ることができます。

❸紹介文2

ここで意識するのは、ベネフィット（商品やサービスを購入したことで得られる未来）をひと言で訴求することです。僕の場合は、投稿とストーリーズで発信する内容が若干違うので、それぞれのベネフィットを記載しています。

たとえば美容アカウントなら、

- 彼氏が思わず触りたくなる美肌作り
- 皮膚科に行かない肌質改善方法！

とすると、その未来を手に入れるためにフォローしておこう！となりやすいです。

❹紹介文3

ここで意識するポイントは、権威性がわかる文章にすること。つまり、この発信者がどれくらいすごい人で、信頼に値するのかを判断できるようにするのです。

僕の場合は、「この人の仕事はなんかすごそう」とか、「この人みたいに年収1000万円超えたい」と思ってもらえるように、仕事とお金の2軸で権威性を持たせることを意識しています。

わかりやすく権威性を出せる実績がない場合は、他の人よりたくさんのものを試してきた、みたいな見せ方でもいいと思います。たとえば、転職系なら「1000人以上の就活生を面接してわかった知見」とか、美容系なら「100種類以上のスキンケアを試したスキンケアオタク」といったようにすると、たくさんのものを見てきたこの人なら本当にいいものを知っているだろうと思ってもらえます。

❺リンク先キャプション

自分の商品やサービスをすでに持っている方であれば、ここはホームページや商品ページのリンクを張っておけばいいのですが、まだないという方は自分が発信しているジャンルについて、さらに詳しく知ることができる内容をPDFやスライド画像として置いておくのが望ましいと思います。

初期の運用段階において、プロフィールリンクは「この人をフォローしておくことによって有益な情報を知ることができるのではないか」という期待感を持たせ、フォローしてもらう確率を高めるためのものという認識でOKです。

STEP4 投稿を作成する

ここまできたら、実際に投稿を作成します。ショート動画を投稿する場合、どんな流れで作成していくかを説明していきますね。

リサーチする

ここでは、僕が実施してフォロワー数を30万人まで伸ばしたとっておきのリサーチ方法をお伝えします。

多くの方はリサーチというと、ただおすすめ欄や発見欄を眺めてバズっている動画を保存するだけですが、これではなぜバズっているのか、どうして再生されるのかというその動画の本質が全くわかりません。その結果、バズっている動画をそのまま真似するという事態に陥ってしまいます。動画の本質を理解するためにも、保存するときは次の4つの観点で振り分けてみてください。

①冒頭で手が止まってしまった

スクロールする手は止まったけれど途中で離脱はした

②最後まで視聴してしまった

動画が面白くて最後まで視聴してしまった

③リアクションをとってしまった

動画をみた後に実際に商品を購入したくなった、友達にシェアしたくなった

④音ハメ

音に合わせて映像が作られている動画

なぜこの4つの観点で分類するかというと、この4つのどれかに当てはまる動画は、動画をバズらせるうえで重要なポイントを押さえることができているからです。

①冒頭で手が止まってしまった

動画の最初で手が止まるということは、それだけタイトルが秀逸だったり映像が魅力的だったりするということだといえる。これらの動画を参考にすることで冒頭で離脱されにくい動画の作り方を学ぶことができる

②最後まで視聴してしまった

最後まで視聴したということは、動画の構成が秀逸だということ。動画の冒頭、中盤、終盤でしっかりと物語性があったり期待値コントロールができているのでこれらの動画を見ることで構成を参考にすることができる

③リアクションをとってしまった

これに当てはまる動画は、商品の魅力の伝え方が秀逸であったり、そもそも紹介し

ている内容の有益性が高い。この動画を参考にすることで、商品やサービスを魅力的に伝えられるようになる

④音ハメ

音ハメの動画は、音楽と動画がマッチしていて高い訴求力がなくても自然と動画に見入ってしまう。こうした動画を作れる人は少ないので、この動画を見つけたら即保存しておけば、同じように動画を作るだけでバズる可能性は高くなる

このように分類する時点で、ある程度どの要素が上手な動画なのかを明確にしておけば、自分が動画作りに悩んだ時の参考にしやすいです。リサーチするときはぜひこの方法を活用してみてください。

リサーチした動画を分析する

次に、リサーチした動画がなぜバズっているのかを2つの点に着目して分析していきます。

①どんな内容が多いのか

たとえば、直近で掃除の投稿が多くバズっていた場合、世間的には掃除に関する情報の需要がすごく高まっているということがわかります。収納がバズっていたら、収納アイテムを紹介する投稿を作ればよいという想像ができるわけです。

②冒頭で手が止まった動画は何が面白いのか

冒頭で手が止まって保存したフォルダを見返して、この動画は何が面白くて手を止めてしまったのかをなんとなく自分の言葉にしてみましょう。ビフォーアフターを見せている動画だったら、その変化が興味を引いたということになります。

投稿内容を決める

リサーチと分析をした結果、

- 直近の投稿では掃除の投稿が再生数が回りやすい
- ビフォーアフターを見せると手が止まりやすい

ということがわかってきたので、この2つの要素を掛け算した投稿を作れば再生数が獲得しやすいという予想ができます。あとは、どの場所を掃除しているところを紹介するのか、どんな掃除道具を紹介するのか、といったような具体的な要素を決めていきます。

動画の台本を書く

ショート動画は、基本的に冒頭・中盤・終盤の3つの要素で構成します。どんなシーンを最初に持ってくるのか、そこでどんなテロップを入れるのかというところを考えておくとこの後の素材撮影がスムーズに進むので、ざっくりとした台本を書きましょう。

動画を撮影・編集する

台本を元に動画を撮影します。特別な撮影機材は必要なく、ご自身のスマホで撮影すればＯＫです。

編集で使うアプリは、「キャップカット」もしくは「ＶＬＬＯ（ブロ）」がおすすめです。ショート動画は基本的に無料の編集アプリで編集できるので、どちらか使いやすいほうを選んでください。

編集するときのポイントは、ターゲットにしている人が好むデザインにすること。動画や投稿のデザインはフォロワーに直接関係してくるのでとても重要です。

たとえば、一人暮らしをしている男性がターゲットなら、フォントは丸みのあるものよりも、なるべく男性が好みそうな線がはっきりしているものがいいでしょう。無印良品が好きそうな女性をターゲットにするなら、シンプルだけど使用するフォントは少し丸みがあり、色使いは可愛さを意識するといいのかなと思います。

STEP5 フォロワー1000人達成するためにやるべき運用方法

最初の目標として、フォロワー1000人を目指しましょう。その目標を達成するために、最初にやっておくべきことをいくつかご紹介します。

同ジャンルのアカウントをフォローする

ＩｎｓｔａｇｒａｍもＴｉｋＴｏｋも、自分自身がどんな発信をしているのか、どんなジャンルに興味があるアカウントなのかをアルゴリズムＡＩに認知させる必要があります。

自分がこれから発信しようとしているジャンルに関連するアカウントをフォローしておくと、ＡＩ側が「このアカウントは○○に興味があるアカウントなんだな」と認知します。すると、たとえばレシピ系のアカウントなら、レシピに興味がある人たちに自分の投稿が露出されやすい状況が作られるので、まずは同ジャンルのアカウントをフォローすることから始めましょう。

ハッシュタグを選定する

同じように、アカウントや投稿をしっかりとジャンル分けさせるためにハッシュタグを活用します。大前提として、ハッシュタグは露出を狙うものではなく、ジャンル認知を狙うものだということを覚えておいてください。ハッシュタグを選定するときのおすすめの方法は、規模によってつけるハッシュタグの個数を変えることです。

まず、固定でつけるハッシュタグは、そのジャンルの中で大きいボリュームのタグを選びます。ダイエット系の投稿なら「＃ダイエット」とか、「＃痩せる」などですね。これらはすでに１００万件以上の投稿につけられているぐらい大きいボリュームのハッシュタグなので、ジャンル認知が狙えます。大体5個ぐらいつけておくのが理想かなと思います。

続いて、投稿ごとに毎回変更する小さいボリュームのハッシュタグを選びます。たとえば、掃除系のアカウントなら、「＃掃除」「＃掃除グッズ」などが大きいボリュームのタグ、「＃水垢」「＃水回り」「＃ずぼら家事」などが小さいボリュームのタグになります。小さいボリュームのタグは５０００件から10万件くらいがちょうどよく、数は10個くらいつけておくといいと思います。この小さいハッシュタグは、ジャンル認知という目的もあるのですが、多少露出を狙ってもいいと思います。

キュレーションアカウントを利用する

キュレーションアカウントとは、いろいろな方の投稿をまとめて一つの情報掲示板みたいに発信しているアカウントです。キュレーションアカウントに掲載してもらうことによって、露出や認知アップが狙えるので、「ぜひ自分の投稿を使ってほしいです」とＤＭしてみるといいでしょう。

＼ショート動画が伸びないときのチェックリスト／

実際に投稿してみて、再生数が伸びないというときは、このチェックリストを確認してみてください。

	項目	内容
□	毎日発信できているか	基本的には毎日発信することが望ましく、最低でも3日に1回は発信するように心がける。発信の頻度が低いアカウントはフォローされにくいので、定期的にコンテンツが発信されているアカウントを目指す
□	コメントは返しているか	Instagramはコミュニケーションが大事。フォロワーとの関係性を深めるためにコメントやDMには積極的に返信を
□	トレンドの音源を活用できているか	トレンドの音源もアルゴリズムで動画をバズらせるうえで重要な要素。ショート動画に音源をつけるときはできるだけおすすめ欄に載っているものから活用する
□	動画の尺が長すぎないか	ショート動画は30秒ぐらいでサクッと見られるのが魅力。尺が長すぎると離脱につながりやすいのでできるだけ30秒に収める
□	プロフィールがわかりやすいか	P156参照
□	ハッシュタグの選定は適切にできているか	P168参照
□	アクティブな時間に投稿できているか	ターゲット層の生活リズムを調べ、一番アクティブに活動している時間に合わせて投稿する
□	動画のクオリティが低くないか	テロップが見切れていたり、いいね欄やコメント欄にかぶったりしていると動画のクオリティが低く見えてしまうので再度見返す
□	無駄なシーンをカットできているか	あまり重要ではないシーンが長くなりすぎると飽きられてしまうので、投稿前に何度も確認して無駄な部分がないか確認する

COLUMN 2 iPhoneユーザー必見! ひよのカメラ設定大公開

特別な撮影機材は必要なく、最新のiPhoneと三脚があれば
ショート動画は十分キレイに撮影できます。
ただ、より見やすい動画にする設定がありますので
撮影する前に確認しておくといいでしょう。

① グリッドと水平をオンにする

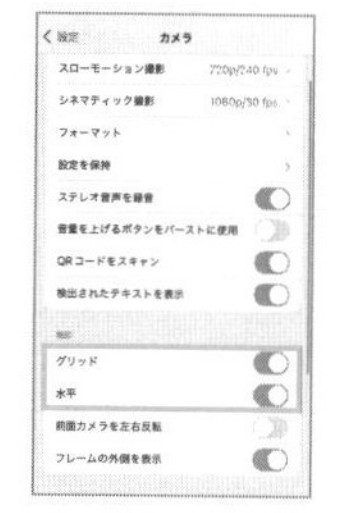

画面を9分割してくれる線が表示され、被写体を画面の真ん中に配置できる。これを使わないと、意外と画面の端に寄ってしまったり、カメラが斜めになってしまうことがある

② 前面カメラの左右反転をオフ

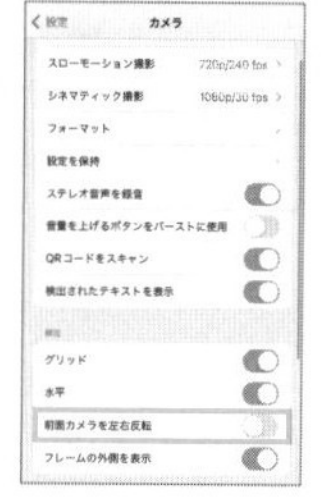

インカメ機能を使用するとき、文字が左右反転しないようにオフにしておく

③ マクロ撮影コントロールをオンにする

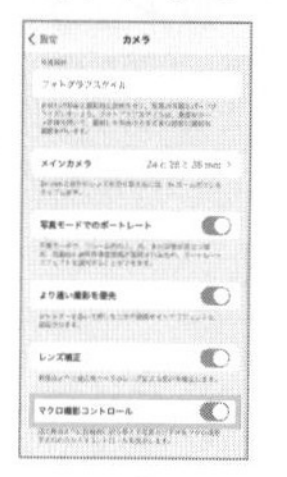

iPhone Proの場合、カメラを被写体に近づけると遠いものを撮影するカメラから近いものを撮影するカメラに切り替わってブレるので、マクロ撮影コントロールをオンにしておく

④ ビデオの画質を変更しておく

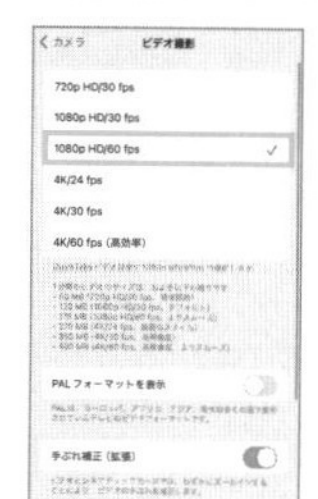

画質にそこまでこだわりがない場合は1080p HD/60fpsで十分。少し画質をよくしてよりおしゃれに見せたいなら4K/60fps(高効率)にしておくことがおすすめ

⑤ HDRビデオをオフにする

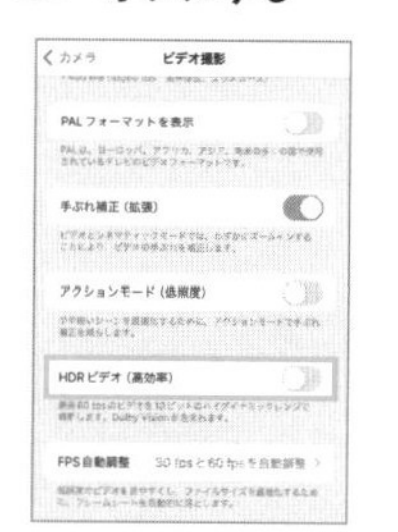

カメラが自動で明るいところと暗いところを判別して暗いところを明るくしてくれる機能だが、これがあると不自然に明るくなり、見ている側にストレスを感じさせてしまうためオフにする

バズるために一番重要なのは「自然光」

自然光で撮影すると商品が魅力的に見えたり、おしゃれに見えて動画自体の魅力が1.5倍増しくらいになります。僕も、過去に日当たりの悪い部屋で撮影をしていたときは全体的に動画の再生数が低かったのですが、日当たりのいい部屋に引っ越してから平均の再生数が上がっていきました。もし日当たりの悪い部屋に住んでいるなら、まるで自然光のように見せることができる照明を使ってみてください。

6章

SNSを使った お金の稼ぎ方

SNSをただ運用するだけでなく収益化し、仕事として成立させるための方法をご紹介します。

SNSで収入を得る方法

2022年、小学生の男の子の将来の夢ランキングで、過去数年間人気だった消防士や警察官を抜いてYouTuberが1位になったというニュースが話題になりました。これを聞いたとき、「ついにYouTuberが世の中に職業として認識されたんだ」と驚いたのを覚えています。

その一方で、InstagramやTikTokで収入を得ている人は世の中に多く存在しているのに、インスタグラマーやティックトッカーは職業としてまだまだ認められていません。

ここで一つ疑問に思うのが、なぜYouTuberは職業として認められていて、インスタグラマーという職業が認められていないのかというところです。僕なりに考えてみた結果、どうやってマネタイズ（収益化）しているのか、どうやって収入を得ているのかが明確か、そうでないのかの違いではないかと思いました。

YouTuberの場合は、YouTubeに動画をアップロードして、その動画についた広告の収益でマネタイズをしています。「広告収益で収入が得られる」という仕組みが世の中に浸透し、多くの人たちが理解しているからYouTuberは職業と認められるようになったのでしょう。

しかし、インスタグラマーやティックトッカーは、どうやって収入を得ているのかがあまり認知されていません。

この本をきっかけに少しでも多くの方にInstagramで収益を得る方法を知ってもらいたい、インスタグラマーという職業がもっと認知されてほしい……。実際にInstagramでマネタイズしている僕が詳しく説明していきたいと思います。

Instagramを使ったマネタイズ法5選

Instagramのマネタイズ方法は、大きく分けて5つの手段があります。それぞれにメリット・デメリットがありますので、併せてご紹介しますね。

❶広告収益

ショート動画やフィードが再生された回数や、視聴された回数によって収益を得る最近になって追加されたモデルです。基本的にYouTubeと仕組みは同じですが、広告再生単価は大きく異なります。

YouTubeの場合、チャンネルのジャンルによって再生単価に幅がありますが、大体の相場は1再生あたり0・05〜0・8円と言われています。一方、Instagramのショート動画による広告収益は、1再生あたり0・02〜0・08円と言われています。

なぜこれだけの差が生まれるかというと、その理由はコンテンツの尺の違いにあります。ＹｏｕＴｕｂｅは基本的に一つの動画の尺が15〜30分くらいで、長いと1時間以上の動画もあるので広告枠も当然長くなります。

一方、Ｉｎｓｔａｇｒａｍのショート動画は、一つの動画の尺は15〜30秒、長くても1分くらいなので広告がつけられる枠も少なくなります。以上の違いから、再生単価にこれだけ大きな差が生まれてしまうのです。

もちろん、広告収益でマネタイズするメリットはあります。まず、面白い動画を作ることで収益が得られるというシンプルな仕組みであるということ。**動画をバズらせるだけで収益が発生するので、難しいマーケティングの知識やスキルは必要ありません。**お小遣い程度に月3万円くらい稼ぎたいという人にとってはかなり始めやすいモデルかと思います。

デメリットは、やはり再生単価が微々たるもので、会社員の給料くらい稼ぐとなると多くの再生数を獲得しなければいけないということです。

さらに、Ｉｎｓｔａｇｒａｍのショート動画は、ＹｏｕＴｕｂｅのように過去の動画も再生され続けるストック型ではなく、次々と新しい動画が更新されて過去の動画は再生されなくなるフロー型という仕組みになっています。そのため、新しい動画を量産し続けなければ再生単価で収入を上げにくいというところもネックになるかもしれません。

❷アフィリエイト

企業の商品を紹介し、売れた件数に対して紹介料として収入を得るモデルです。**自分のアカウント経由で商品を販売すると紹介料をもらえるので、フォロワー数が大きく伸びていなくてもいいというのが特徴です。**

自分で商品を作って販売するとしたら在庫を抱えたり、商品を作るための初期投資を行う必要がありますが、すでにある商品を紹介するだけなのでノーリスクで始められるのもメリットの一つですね。

また、商品力が高いものが出たときはラッキーです。たとえば、過去に証券講座の開設を行えば4000円もらえる、というようなキャンペーンを行っていたサービスがありました。こういったサービスは、誰がどう見ても圧倒的にお得なので、紹介の仕方や見せ方にかかわらず誰が紹介してもサービスを使ってもらうことができました。こういった案件はそうそうあるものではないですが、たまに出てきたときはかなりマネタイズしやすくなります。

デメリットとしては、成果報酬型のため商品が売れなければ報酬は0円になってしまい、安定した収入が得にくいということが挙げられます。

また、最近は消費者の広告に対する感度が高くなってきているので、心からおすすめできる商品だったとしても、「PR商品」というだけで売るのが難しくなります。ある程度、商品を売るための見せ方や訴求方法を知らないと売れないでしょう。

ステマ[※]規制など法律的な規制もかなり厳しくなってきており、PR商品の訴求方法が制限されているのでアフィリエイトで商品を販売する難度は年々高まっているという印象です。

※ステマ…ステルスマーケティングの略。商品を売りやすくするためにPRの商品であることを隠して商品を販売すること

気をつけなければいけないのは、アフィリエイトの収益を狙ってPR案件ばかりを投稿していると、フォロワーからの信頼を失うおそれがあるということです。本当におすすめだと思って紹介しているのか、それともお金のために商品を紹介しているのか区別がつかなくなり、商品を買ってもらえなくなります。せっかく得た影響力がなくなってしまうおそれもあるので、バランスが重要です。

また、商品ジャンルに偏りが出やすいのもアフィリエイトの特徴です。たとえば、ダイエット系や美容系は商品が豊富ですが、レシピ系や暮らし系のジャンルは紹介できる商品自体が少ないので、アフィリエイトで稼ぐのはなかなか難しいでしょう。

❸固定報酬型のPR案件

これは、企業から特定の商品が提供され、自分のアカウントで紹介をすると報酬をいただけるという仕組みです。アフィリエイトとの違いは、もらえる収益額が投稿する前から決まっているという点です。**単価の相場は大体フォロワー数×1〜2円と言われているので、フォロワー数が多いほど収入も増えます。**

ただし、アフィリエイトと同じく、ＰＲばかりしているとフォロワーからの信頼を失ってしまう可能性があります。また、毎月安定してＰＲ案件をもらえるわけではないので、案件がない月はマネタイズができなくなってしまうのは懸念点です。

④クライアントのＳＮＳ運用代行

企業や個人のＳＮＳ運用を代行して報酬をいただくマネタイズ方法です。

メリットは、毎月固定で報酬をもらうことができるので収入が安定しやすいこと。

また、フォロワー数が大きく伸びていなかったり、マネタイズしにくいジャンルで発信している人でもＳＮＳ運用のスキルさえあれば仕事が獲得できます。

ただし、どれだけ時間をかけてクライアントのアカウントを伸ばしたとしても、「来月からは自社で運用を行います」といったように、契約終了となる可能性はあります。その場合、自分のアカウントと違って、フォロワーとの関係性などは資産として残りません。また、その企業の商品やサービスをメインに商材としてバズらせていかないといけないので、優れた企画力が必要となるということも覚えておきましょう。

❺自社商品

自分自身で有形・無形の商材を作り、自分のアカウントで販売するというマネタイズ方法です。

自社商品のメリットは、自分のアカウントに100％マッチした商品を作ることができること。**アフィリエイトのように誰かの商品を借りるのではなく、コンセプトからデザインまで自分で考えたものを商品にするので、圧倒的に売りやすいです。**ファンがついている発信者であればさらに売りやすいでしょう。

また、SNSの運用を学んでもらうためのスクールや、ダイエットのサポートのような無形の商材は自由に作ることができるところも魅力です。さらに、自社商品なので商品の単価も自分で決めることができます。

一方で、有形の商品を作る場合は当然初期費用がかかったり、在庫リスクを抱える必要があるので、売れなければ赤字になります。商品を作るだけでなく、販売やカスタマーサポートまで全て行う必要があるので、知識のある人やサポートしてくれる人がいないと自社商品を作るのはハードルが高いのかなと思います。

他にもマネタイズ方法はいくつかあるのですが、まずは主流の5つの方法を知っておきましょう。何も知らないまま始めて、フォロワー数は伸びたけれど、マネタイズが全くできていないというケースは多いです。それぞれのメリットとデメリットをふまえたうえで、自分に合ったマネタイズ方法を選択していってください。一般的には、

①フォロワー数を伸ばす
②アフィリエイトを始め、商品の売り方やマーケティングを学ぶ
③自分の商品を作る

という流れでステップアップしていく発信者が多いようです。

P123などでもお伝えしたとおり、僕もニーズのある分野でアカウントを作り、アフィリエイトで商品の売り方やマーケティングを学んだ後に自社商品としてBBクリームを作りました。その経験を経て、次は何をしよう、自分が得意なことって何だろうと考えたときに、僕はSNS運用について人に教えることが得意だなと気づいたので、今は「SNSを教える」というビジネスモデルで収益を生み出しています。

SNSは自分の市場価値を高めるための手段

ここまでInstagramのマネタイズの方法をご紹介してきましたが、皆さんにぜひ心に留めておいてほしいことがあります。

それは、安定志向型の人にとって、SNSはあくまで市場価値の高い人間になるための手段であり、お金を稼ぐことが目的になってはいけないということです。

たしかに、SNSをうまく活用することができれば、同年代の会社員の給料以上のお金を稼ぐことも、数百万円単位のお金を稼ぐことも可能かもしれません。ただ、それを目的にしてしまった結果、本来の目的を見失って辛い思いをしている方々をたくさん見てきました。

たとえば、子どもと一緒に過ごす時間をたくさん作るために在宅でできるSNS運用を始めたのに、SNSの更新に追われて子どもとの時間が作れなくなってしまったという方。生産性を追い求めて働きすぎた結果、プライベートの時間がなくなってしまったという方もいました。

僕自身も、SNSでマネタイズできるようになり念願のフリーランスになれたのに、余暇や趣味の時間を全て犠牲にし、毎日仕事しかしていないという時期がありました。仕事をしていないと不安で、最終的に自分が何のために働いているのかわからなくなってしまったのです。

僕と同じ思いをしないよう、皆さんにはSNS運用はお金を稼ぐことだけが目的ではないということを深く心に刻んでおいてほしいと思います。

そもそも、僕がSNS運用を皆さんにおすすめしたいと思った理由は、世の中のビジネスの構造を学ぶうえで最もわかりやすいと思ったからです。

僕は、一つの会社に居続け、一つの職種しか経験しないでいることはリスクだと考えています。会社という組織の構造を考えてみるとわかりやすいですが、営業、広報、経理といったように業務が細分化されて割り振られていますよね。

一つの会社でずっと同じ職種についていると、その会社のその分野では活躍できるかもしれないけれど、転職や独立を考えたときに生かせる汎用的なスキルはなかなか身につけられません。

だからこそ、会社以外のところで、さまざまなスキルを身につけ、伸ばせる場所を作っておくべきだと強く思います。それを最も効率よく実現できるのがSNS運用だと僕は考えています。

副業を考えたときに、本業でやってきたことを生かすのも一つの手でしょう。また、何か一つの分野を極めるのもいいかもしれません。でも、せっかく新しいことを始めるのであれば、ビジネスの構造が学べるSNS運用にチャレンジしてみてください。

自分のアカウントをゼロから立ち上げて運用していくなかで、

どんなコンセプトで発信をするのか?↓商品設計
どうやってアカウントの魅力を伝えるのか?↓マーケティング
どんな内容を発信すればフォロワー数を増やせるのか?↓集客

など、ビジネスの構造を学び、汎用的なスキルを身につけることができます。そうして自分の市場価値を高めていけば、どんな場所でも、どんな職種でも活躍できる人材になれるはずです。

会社員でもフリーランスでも、そのとき最善だと思える選択をいつでもとれる状態になること。はたまた、その両方の選択肢を同時にとれるようにすること。

これが安定志向型の人が、好きなことややりがいを仕事に組み込みながら、時代に流されず自分らしく生きていけるゴールだと思います。

PICK UP!

● **ビジネスの構造を学び、自分の市場価値を高めるためにSNSをうまく活用しよう**

おわりに

本書を最後まで読んでくださった皆さま、ありがとうございました。

この本では、安定志向型のための人生戦略として、リスクヘッジをしながら自分らしい人生を送るための手段を提示してきました。


この本を執筆するにあたって、自分の人生をとにかく振り返って考察しました。

「この映画のこの一言に出合って人生が変わりました」

「○○さんに出会ったことでここまでこられました」

このような人生のターニングポイントがあれば、かっこよくこの本を締めくくることができるのかな?と考えてはみたものの、そんな劇的な瞬間はありませんでした。

ただ、今の自分を構成するのは思考であり、考え方であると断言できます。とにかくたくさんの考え方に触れて、自分がいいなと思ったものを取り入れてきた結果、自分の人生を大きく変えることができました。

人生は常に逆説的です。

やる気が出てから始めるのではなく、やり始めたからやる気が出る。

わからないからやらなかったけれど、やってみるとわかる。

やりたいことは、やりたくないことを一つずつやめてみると見つかる。

こうした人生の本質に少しでも早く気がつけた人が、人生を変えていけるはずです。

多くの自己啓発本は、この思考法を語るだけだからなんとなくやる気になるけれど、実際に何をすればいいかわからず動き出せない。僕もそうだったからよくわかります。

だから、今すぐにでも動き出せるよう、より具体的に副業との付き合い方、SNS運用とは何？ということをお伝えしました。「SNSで発信をすること＝有名なインフルエンサーを目指すこと」ではないということが伝わっていれば幸いです。

ひよ

参考動画（YouTube）

- 『【最新版】コーチングとは何か？を全て解説します』山宮健太郎／経営者の右腕
- 『【やらないと損】毎日の「自由に使える時間」が増えるコツ30選』マコなり社長
- 『時間という財産: Hidetaka Nagaoka at TEDxSaku』TEDxSaku

参考文献・ウェブサイト

- 『物語思考 「やりたいこと」が見つからなくて悩む人のキャリア設計術』けんすう(古川健介)著／幻冬舎
- 『時間最短化、成果最大化の法則——1日1話インストールする"できる人"の思考アルゴリズム』木下勝寿著／ダイヤモンド社
- 『ビジネスパーソンのためのクリエイティブ入門』原野守弘著 Kindle版／クロスメディア・パブリッシング
- 『気がつくと机がぐちゃぐちゃになっているあなたへ』リズ・ダベンポート著、平石律子(翻訳)／草思社
- 『W・ジェイムズ著作集 7 哲学の諸問題 オンデマンド (ペーパーバック)』ウィリアム ジェイムズ著、上山 春平(翻訳)／日本教文社
- 『【習慣は第二の天性なり】の意味と使い方や例文』ことわざ・慣用句の百科事典
  https://proverb-encyclopedia.com/syukanhadaininosentenseinari/

参考論文

- 『新型コロナウイルスのパンデミックによる生活への影響』
  メリーランド大学 ロバート・H・スミス経営大学院

ひよ

1998年生まれ。新卒でインフラ会社に就職するも、「本当の安定とは何か」を考え、SNS副業を始める。現在は独立し、会員数1000人以上のオンラインサロン「ショート動画大学」サロンオーナー。Instagramを中心に、総フォロワー数は90万人を超える。

※オンラインサロンの会員数とSNS総フォロワー数は2024年6月現在の数字。

Instagram　@hiyo_101211

新しいSNS人生戦略

今のままで「やりたいこと」ができてお金も稼げる!

2024年7月1日　初版発行

著　者　ひよ

発行者　山下直久

発　行　株式会社KADOKAWA
〒102-8177
東京都千代田区富士見2-13-3
電話　0570-002-301(ナビダイヤル)

印刷所　TOPPANクロレ株式会社

製本所　TOPPANクロレ株式会社

● お問い合わせ
https://www.kadokawa.co.jp/(「お問い合わせ」へお進みください)
※内容によっては、お答えできない場合があります。
※サポートは日本国内のみとさせていただきます。
※ Japanese text only

定価はカバーに表示してあります。

ISBN 978-4-04-607010-4 C0030